更遗憾的进化

〔日〕今泉忠明 编　〔日〕下间文惠 等绘　王卉媛 译

南海出版公司

序

"我还想知道更多关于生物的故事！"

像这样的读者来信，我们收到了 3000 多封。不知不觉间，"遗憾的进化"系列已经升级为"更遗憾的进化"系列，总共出版到了第 5 册。这一系列广受欢迎，也让我发现原来有这么多人对生物感兴趣，这令我非常开心。

不管是什么生物，历经漫长的进化，都有变好的一面，也有变差的一面。进化中留下的那些"遗憾"，其

实都是生物们进化的足迹。通过追溯这些足迹，我们对生物的兴趣变得更加浓烈，对它们的热爱也日益充盈。

其实，我们人类也是这样，既有厉害的地方，也有遗憾的地方。因此，在获取生物知识的同时，不妨也稍稍观察一下自己，说不定会有全新的发现。

如果这本书能够为你提供观察自我、发现自我的契机，我将不胜欣喜。

今泉忠明

新经典文化股份有限公司
www.readinglife.com
出品

目 录

第 1 章　进化史的故事

第 2 章　让人遗憾的身体

第3章 让人遗憾的生活方式

第4章　让人遗憾的能力

第5章　让人遗憾的小讲究

第6章　让人遗憾的邻居

翻页动画小剧场

※ 说明

本书每页标题中的名称多为一类生物的统称，"生物名片"部分介绍的中文名如果与标题中不同，通常为该类生物中的某一物种。

第**1**章

进化史的故事

生物们的"遗憾"之谜，

答案都藏在进化的历史中。

让我们回望远古时代，

看看进化史上曾有哪些遗憾的故事。

今天，地球上生活着许许多多的生物，
这些生物很可能拥有共同的起源。
最初的生命诞生于远古时代的海洋，
经过了漫长的岁月，它们不断进化、繁殖，
演化出多样的面貌和复杂的形态。

但是，进化的过程并不都是"变强"的过程。
企鹅学会了游泳，却再也飞不起来；
人类进化为直立行走，却失去了在树上攀缘生存的能力。
生物进化时，既会有变厉害的部分，也会有变遗憾的部分。
不过，正是因为有这些"遗憾的进化"，
地球上的生物才得以繁衍不绝，延续至今。

在漫长的进化史中，生物们到底是怎样克服种种危机的呢？
我们一起来看看。

大约 46 亿年前，地球诞生了。
最初，地球的表面覆盖着滚烫的岩浆。
历经数亿年，岩浆才逐渐冷却下来。

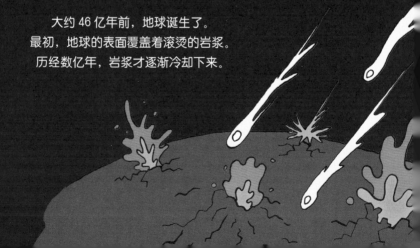

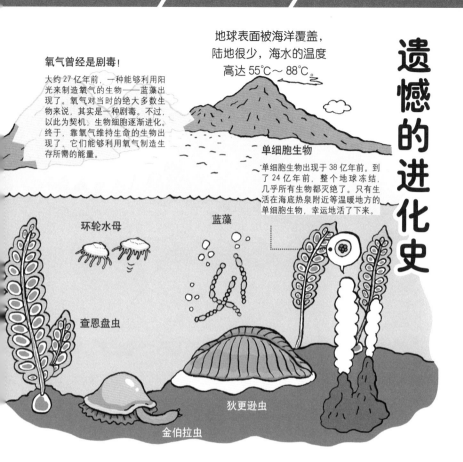

遗憾的进化史

地球表面被海洋覆盖，陆地很少，海水的温度高达 55℃～88℃。

氧气曾经是剧毒！

大约 27 亿年前，一种能够利用阳光来制造氧气的生物——蓝藻出现了。氧气对当时的绝大多数生物来说，其实是一种剧毒。不过，以此为契机，生物细胞逐渐进化。终于，靠氧气维持生命的生物出现了，它们能够利用氧气制造生存所需的能量。

单细胞生物

单细胞生物出现于 38 亿年前。到了 24 亿年前，整个地球冻结，几乎所有生物都灭绝了。只有生活在海底热泉附近等温暖地方的单细胞生物，幸运地活了下来。

环轮水母

蓝藻

查恩盘虫

狄更逊虫

金伯拉虫

最初的生命诞生了

　　最早的生命诞生在大约 38 亿年前的海洋里。它们非常非常小，仅由一个细胞组成，因此被称为"单细胞生物"。

　　过了几亿年，多细胞生物诞生了。它们的身体由多个细胞组成，体形也大了许多。这时候的多细胞生物就像果冻一样软嘟嘟的，没有眼睛、没有骨头，它们通过体表吸收水中的养分，维持生命。

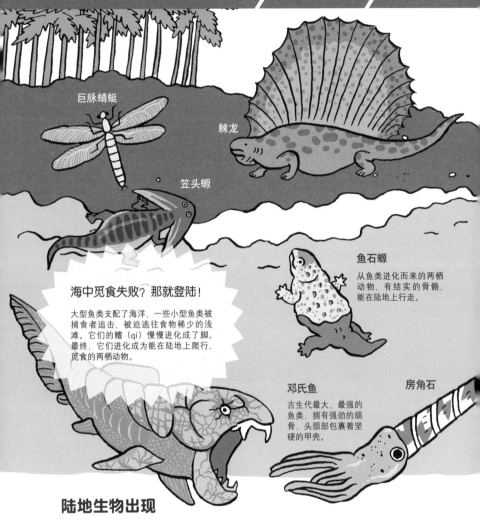

巨脉蜻蜓

棘龙

笠头螈

鱼石螈
从鱼类进化而来的两栖动物，有结实的骨骼，能在陆地上行走。

海中觅食失败？那就登陆！

大型鱼类支配了海洋，一些小型鱼类被捕食者追击，被迫逃往食物稀少的浅滩。它们的鳍（qí）慢慢进化成了脚。最终，它们进化成为能在陆地上爬行、觅食的两栖动物。

邓氏鱼
古生代最大、最强的鱼类，拥有强劲的颌骨，头颈部包裹着坚硬的甲壳。

房角石

陆地生物出现

终于，一些生物进化出了眼睛和牙齿，便于捕食。自此，捕食与被捕食的生存竞争越发激烈。还出现了各种各样的节肢动物，它们有的长着坚硬的外壳，有的长着防身的尖刺，有很强的防御力。与此同时，鱼类的祖先也出现了，它们体形小小的，和现在的金鱼差不多，终日躲躲藏藏，好不容易才生存下来。

5亿～4亿年前，地球表面的温度急剧下降，85%的海洋生物灭

古生代的生物

古生代之前，只有几百种生物。而到了古生代初期，生物种类一口气增加到了近 1 万种。

苔藓植物的祖先生长在海岸边，其中一些变得更为耐旱，渐渐朝着陆地生长扩散。

早期的鱼类非常脆弱！

早期的鱼类体形很小，又没有强有力的颌骨，完全无法匹敌拥有坚硬外壳的节肢动物。后来，部分鱼类进化出了颌骨和坚固的牙齿，甚至能够捕食节肢动物了。

昆明鱼

已知最早的鱼类。

奇虾

寒武纪已知最强大的节肢动物。大大的眼睛能敏锐地发现猎物，两只强有力的前肢便于捕食。

怪诞虫

绝。原先低调生存的鱼类数量逐渐增加，种类也越来越丰富。与此同时，植物从海洋向陆地扩散，而以植物为食的昆虫也出现了。

到了 4 亿～3 亿年前，鱼类的体形越来越大，几乎成为海洋的主宰。而一些用肺呼吸、四足行走的两栖动物开始从海洋向陆地进发。这些两栖动物中又进化出了爬行类，也就是蛇和蜥蜴等动物的祖先。陆地上，蕨类植物开始形成大片森林，为大量的昆虫和爬行类提供了栖息地。这些生物一代代繁衍生息，体形也变得越来越大。

6600 万年前，巨大的陨石撞击地球，气候开始变得越来越寒冷。

副栉（zhì）龙
一种植食性恐龙。

霸王龙
最强的肉食性恐龙之一，巨大、强劲的牙齿能轻松撕咬其他恐龙。

恐龙深受蛀牙之苦？
早期爬行类的颌骨和牙齿是连成一体的，但恐龙的牙齿却长在牙槽（颌骨上的孔洞）中，就像我们人类一样。这样的构造虽然能让恐龙调整咀嚼的力度以节省力气，但也为口腔中的细菌提供了繁殖环境，很可能让恐龙深受蛀牙之苦。

三角龙
一种植食性恐龙。

中华龙鸟
一种带羽毛的恐龙，全身覆盖着长短不一的羽毛。

恐龙时代的到来

大约 2.5 亿年前，地球上的气候炎热又干燥，陆地慢慢变成了沙漠。耐旱的爬行类迎来了种群的繁盛。

爬行动物的身体上覆盖着鳞片，能够减少水分流失。而且，作为卵生动物，即便在缺水的环境中，它们也可以孵化后代。

爬行动物主要分为单弓类和双弓类两种，前者进化出了包括人类在内的哺乳动物的祖先，后者则进化出了恐龙。

中生代的生物

真双齿翼龙
最古老的翼龙。

剑龙
一种植食性恐龙。

幸亏哺乳动物很弱小！
这个时代，哺乳类动物又小又弱，为了不被恐龙吃掉，只好躲在森林里生活。陨石撞击地球后，动植物大量死亡，哺乳类却因为体形较小，靠很少的食物就能存活，成功将种群延续了下来。

隐王兽
最早的哺乳类。夜行动物，以捕捉昆虫为食。

薄片龙
体形最大的一种蛇颈龙。

　　恐龙生活在陆地上，种类非常多，可以分为植食性和肉食性两类。那时还有畅游大海的鱼龙、蛇颈龙，以及翱翔天空的翼龙。

　　到了侏罗纪（1亿9960万年～1亿4550万年前），一部分恐龙长出了羽毛，后来又慢慢进化出了翅膀——鸟类的祖先终于诞生了！

　　然而，到了6600万年前，巨大的陨石撞击了地球，剧烈的冲击扬起厚厚的尘埃，遮蔽了阳光，导致地球表面越来越寒冷，食物也越来越少。最终，恐龙走向了灭绝。

17

新生代中期，受陆地板块运动等影响，地球表面逐渐冷却下来。森林变少，草原的面积越发广阔。

多亏脚趾变少，才活了下来！

最初马的前脚上长有4个脚趾，后来随着进化，脚趾数量减少，最终变成了单趾。乍一想觉得有点儿可惜，其实，只留一根脚趾能够让马的脚部发力更集中，跑得更快。

草原古马
早期的马。

萨摩麟
长颈鹿的祖先。

铲齿象
大象的古老同类。

大地懒
树懒的古老同类。

剑齿虎
猫科肉食性哺乳动物。

鸟类和哺乳类的崛起

恐龙灭绝后，鸟类和哺乳类的数量迅速增多。在没有恐龙的世界，一部分鸟类的体形越来越庞大。终于，地球上出现了不在天上飞，却在地上奔跑和捕食的鸟类，它们成了新的陆地霸主。与此同时，哺乳类的体形也逐渐变大，但还远不如鸟类。

然而，到了新生代（6600万年前到现在）后半段，鸟类和哺乳

新生代的生物

小古猫

猫和狗的共同祖先。

巨犀

犀牛的古老同类。

因为体形太大而灭绝！

像冠恐鸟这样的恐鸟类，体形进化得越来越大，翅膀却逐渐退化变小，不再拥有飞翔的能力。到了新生代后期，当肉食性哺乳动物出现时，恐鸟类无路可逃，最终走向灭绝。

巴基鲸

别看它长这样，它可是鲸鱼的祖先。

冠恐鸟

一种巨型鸟，重达300千克，一般认为以小型哺乳动物为食。

类的地位开始发生转换。由于气候变得寒冷而干燥，森林日渐稀少，很多哺乳动物被迫离开森林，转移到草原上生活。

为了适应草原生活，它们进化出了多种多样的形态。

有些哺乳动物的脖子或鼻子变得很长，这样方便吃到高处的树叶、喝到低处的水。有些哺乳动物的腿变长，比以前跑得更快，方便捕食猎物和避开猎食者的追捕。这些动物中就有我们熟悉的长颈鹿和大象的祖先。

看到现在，你有什么感想吗？

也许你已经发现，那些在进化的过程中
存活下来的生物，未必是"最强"的。

我们甚至无法判断谁"更强"一些，
谁"更弱"一些。
曾经无敌的生物，会因为气候变化而很快灭绝；
而生活在角落里的生物历经数万年，
也会成为地球上的霸主。
随着环境的变化，
生物间的强弱关系会轻易被颠覆。
所以，生物们"遗憾"的地方，
与它们"厉害"的地方同样重要。

重要的是，我们要发现生物之间的不同，
承认这些不同，然后和其他生物一起生存下去。
正是因为这些数不清的个体差异，
当时代更迭、环境变迁时，
才总有生物能繁衍下来，生生不息。

始祖地猿

被认为是人类最早的祖先。

被迫离开森林！

由于地球自然环境剧变，森林不断减少，森林古猿中的一部分被迫转移到草原上生活。不过，这也成为它们向两足行走进化的契机。

能人

能两足直立行走，会制作、使用简单的工具。

人类在进化过程中，逐渐学会了制作工具和使用语言，并开始通力合作，集体狩猎猛犸象等大型动物。

人类的进化

智人

直立人

会用火处理食物，开始群居生活。

双腿直立行走

人类的祖先猿人，是从离开森林去往草原生活的古猿进化而来的。草原上能够藏身的地方很少，为了让身体显得更高大，同时看得更远，猿人开始用双腿站立，最终进化出了适合直立行走的身体结构。

行走后，双手便空了出来，猿人开始制作和使用简单的工具、建造住所……在人类漫长的进化中，慢慢形成了村庄和城镇，文明随之诞生了！

第2章

让人遗憾的身体

大大的、小小的、坚硬的、柔软的……

大家的身体各有不同，这没什么可惊讶的。

话虽如此，有些生物的模样还是让人忍不住发问：

"它们怎么会长成这样?!"

 翻页动画小剧场

狮子和老虎共舞?!

倭犰狳活像一枚行走的寿司

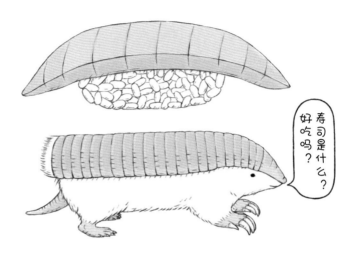

寿司是什么？好吃吗？

行走在阿根廷的沙漠里，人们可能会突然在地上发现一大枚"寿司"，只见白白的饭团上叠着粉嫩嫩的生鱼片，令人不免好奇地想：这是三文鱼片，还是金枪鱼片？

都不是！实际上，这枚寿司是**世界上最小的犰狳**——倭犰狳（wōqiúyú）。犰狳家族个个身披坚硬的骨质甲，倭犰狳也不例外。作为一种**夜行性动物，它们和大多数犰狳一样，白天几乎都蜷缩在土里**，也许正因如此，它们**体内的黑色素非常少，血管里流动的血液颜色使皮肤呈现出娇嫩的粉色，看起来很像生鱼片**。

或许是因为看起来太美味了，倭犰狳经常被野狗吃掉。

生物名片

哺乳纲

- ■ **中文名** 倭犰狳
- ■ **栖息地** 阿根廷的沙漠、干旱草原
- ■ **大小** 体长约10厘米
- ■ **特点** 擅长挖洞，先用前脚挖土，再用后脚将挖出的土扬走

Q 大鳞鳞虎被袭击时会怎么样？

➡ 答案见第26页

被打湿后很难干透
长尾毛丝鼠的毛皮

不好，沾到水了……

　　长尾毛丝鼠的皮毛又蓬又软，它们的**毛长得非常密**，一个毛孔能长出 50 ～ 80 根毛。生活在高海拔的山区地带，那里寒冷又干燥，全靠这身厚厚的毛来保暖。

　　可是，一旦长尾毛丝鼠的毛皮被打湿，可就麻烦了。**它们身上的毛太多了**，浸湿以后很难自然风干。潮湿的毛皮容易滋生细菌，导致长尾毛丝鼠生病。**即便想尽办法弄干毛皮，表层的油脂也流失了，毛会变得又干又硬。**

　　如果家养的宠物长尾毛丝鼠不小心被打湿了毛皮，一定要用毛巾轻柔地帮它擦干身体哟！

生物名片

哺乳纲

| ■中文名 长尾毛丝鼠 | ■大小 体长约25厘米 |
| ■栖息地 南美洲安第斯山脉 | ■特点 毛皮很漂亮，因此经常被捕
猎，濒临灭绝 |

非洲草原象总是用同一块石头挠屁股

还是这块石头最舒服。

非洲草原象群在面积有 200 个鸟巢那么大的广阔土地上活动，它们慢悠悠地散步、觅食、寻找水源。

在它们的行走路线上，有这样一块"被选中"的石头：每当经过这块石头，大象们就会**找好位置和角度，将大大的屁股贴到石头上，在石头边缘蹭来蹭去**。原来，它们不像人类能用手够到屁股，所以每当觉得屁股痒痒时，就会**蹭这块它们觉得最舒服的石头来挠一挠**。

一代又一代的非洲草原象都在这块石头上蹭来蹭去，石头的表面被磨得光滑锃亮。

生物名片

哺乳纲

- ■**中文名** 非洲草原象
- ■**栖息地** 非洲的稀树草原

- ■**大小** 体长约6.8米
- ■**特点** 臼齿磨损到一定程度，新牙会从后往前生长，替换掉它

A 第24页的答案➡会脱光"衣服"（身上的鳞甲会脱落）。

叶䗛长得太像叶子，容易被草食动物误食

世界上有很多擅长"拟态"的生物，它们会**模仿其他动植物的外形、颜色等身体特征，以骗过天敌的眼睛。**如果要从这些生物中选出一位王者，那么非叶䗛（xiū）莫属。

叶䗛会拟态成树叶，来欺骗鸟类的眼睛，避免被捕食。它们的拟态水平堪称艺术大师级水准，**不但形状和质感与树叶十分相似，甚至完美仿制了叶脉和树叶末梢些微干枯的细节。**就连产的卵都长得很像动物的粪便，几乎毫无漏洞。

然而，叶䗛的外形进化得和叶子实在是太像了，**以至于被草食动物当成真的叶子吃掉。**拟态太完美，反而招来了危险。

生物名片

昆虫纲

■ 中文名	叶䗛	■ 大小	体长约7.5厘米
■ 栖息地	亚洲南部至大洋洲北部的热带雨林	■ 特点	以番石榴和杧果的叶子为食

雄性南非地松鼠会
拖着蛋蛋走路

在日本的荞麦面店门口，有时可以看到戴着斗笠的狸猫①像。狸猫像的蛋蛋（睾丸）通常都很大，但其实真正的狸猫蛋蛋根本没有这么大。

不过在非洲，**有一种动物的蛋蛋真的有这么大**，恐怕制作狸猫像的工匠们看了都会大吃一惊，这种动物就是南非地松鼠。

雄性南非地松鼠的蛋蛋长度甚至能达到体长的 20%，以至于它们不得不**拖着蛋蛋走路**。每只雌性南非地松鼠都会与多只雄性交配，**雄性的蛋蛋之所以进化得这么大**，似乎是为了增加雌性成功受孕、繁衍后代的概率。话虽如此，这身体和脸蛋的反差也太大了。

①日本民间传说中的动物，原型为哺乳动物貉（hé）。

生物名片

哺乳纲

■**中文名** 南非地松鼠
■**栖息地** 非洲南部的荒漠草原

■**大小** 体长约25厘米
■**特点** 会把长长的尾巴当作遮阳伞

Q 每1000颗橡子里，有多少颗能平安长成橡树？ ➡答案见第30页

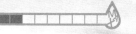

黄斑苇鳽总是叉着腿行走

黄斑苇鳽大人驾到！

　　黄斑苇鳽（jiān）**生活在芦苇茂密的池塘或沼泽地带**，多在清晨和傍晚活动。它们虽然生活得很低调，但走起路来个性十足。

　　虽然是鸟类，黄斑苇鳽却经常**双腿向外撇，用双足抓着水草前行**，活像个上半身穿着鸟形玩偶服、挪动着两条细长腿的大叔。这姿势看起来滑稽又另类，却能帮助它们在水草间轻松自如地行走。

　　黄斑苇鳽**一旦感知到危险，就会伸长着脖子，左右摇晃，动作看起来有些夸张，像要把骨头折断似的。** 它们貌似是想伪装成水草，但当周围一片绿草的时候，黄斑苇鳽栗褐色的身体就太容易暴露啦！

生物名片

鸟纲

■ 中文名	黄斑苇鳽		■ 大小	全长约37厘米
■ 栖息地	亚洲的水边		■ 特点	外形和颜色酷似一种叫蘘（ráng）荷的植物

凤蝶翅膀上的美丽花纹
一碰就掉

花纹如果没了，可没法复原！

凤蝶扇动翅膀，翩翩起舞。如果捏住它美丽的翅膀，手指上就会沾上一些细小的粉末，这就是**鳞粉，由无数微小的鳞片组成**。多亏了鳞粉，凤蝶才能及时抖落翅膀沾到的水滴和污垢。

鳞粉闪闪发亮，表面还有纹理。当光线照到上面时，就会产生**折射和反射，引起颜色的变化**，这就是蝴蝶色彩缤纷的秘密。鳞粉还能通过吸收和反射光线，帮助凤蝶**调节体温**。

这么厉害的鳞粉，其实由角蛋白构成，嵌在凤蝶翅膜上的小孔中。也就是说，**鳞粉相当于人类的体毛**，可惜一碰就掉。

①② 3～4月羽化的为春型成虫，7～8月羽化的为夏型成虫。

生物名片

■ **中文名** 柑橘凤蝶
■ **栖息地** 东亚的草原

昆虫纲

■ **大小** 成虫春型①翅展约72毫米，夏型②翅展约100毫米
■ **特点** 幼虫会吃柑橘树叶

A 第28页的答案 ➜ 只有6颗左右。

草莓表面芝麻似的小点才是它的果实

我们才是果实！

奶油蛋糕上放了一颗草莓，请问蛋糕上有多少个草莓的果实呢？

当然是**一个——大错特错**，正确答案是约 300 个。我们平时吃的红色果肉部分，其实是草莓的花托，也就是花朵生长的基座。**真正的果实是花托表面那些密密麻麻的芝麻似的小粒。**

大多数植物在受粉以后，包裹种子的部分——子房就会膨胀，发育成果实。但草莓与众不同，**它的子房不膨胀，花托却膨胀了。**最终，草莓的花托发育成美味的果肉，果实部分反而变成了不起眼的小颗粒。

生物名片

被子植物门

- ■ **中文名** 草莓
- ■ **原产地** 南美洲

- ■ **大小** 直径约4.5厘米
- ■ **特点** 中国直到1915年才开始种植草莓

海象主要生活在北冰洋，它们经常好几头甚至好几十头挤在一起睡觉。所以即使是睡在冰面上，海象们也不会觉得冷。

一头海象**体重达一吨多**，相当于十几个成年男性那么重。所以，**当几十头海象聚集在同一块冰面上时，冰面很可能会碎裂，它们就会扑通扑通掉进海里。**

不过，海象到底有多爱睡觉呢？为了防止在海里睡觉时被淹死，海象的**咽部长有像救生圈一样可膨胀的气囊**，即使它们掉进海里，脑袋也能马上浮出水面。

生物名片

哺乳纲

- **中文名** 海象
- **栖息地** 北冰洋附近的冰面和海岸
- **大小** 体长约3.5米
- **特点** 身上有十几厘米厚的脂肪层来御寒

　Q 金鱼是由什么鱼培育而来的？　➡答案见第34页

海象必须给头部『充气』才能在海里睡觉，不然会被淹死

马门溪龙的长脖子可能抬不高

能抬这么高。

马门溪龙是一种大型恐龙，有着长长的脖子和长长的尾巴。如果它们能把脖子完全抬起来，大概有 11 米高，差不多是 4 层楼的高度。所以，人们曾推测它们可以吃到高处的树叶。

然而近来又有新的研究认为，马门溪龙可能**没法将长脖子抬高**。如果它们的头部距离地面 11 米高，这时**想把血液输送到头部，血压需要达到人类血压的 9 倍以上**。这将消耗大量的能量，如果只是为了吃到高处的叶子，那也太不划算了。

因此，它们很可能是**以脖子平行于地面的姿势来觅食**的。果真如此的话，马门溪龙为什么要长这么长的脖子呢？真是让人百思不得其解。

生物名片

爬行纲

- **中文名** 马门溪龙（已灭绝）
- **栖息地** 中国植物繁茂、水源充足的平原地带
- **大小** 全长约26米
- **特点** 脖子的长度约占全长的一半

A 第32页的答案➡鲫鱼。

山绒鼠晒日光浴的样子
很像泡澡的大叔

我醒着呢——

游客们去南美洲的高山地带旅行时，可能会碰到山绒鼠。它们生活在海拔 700 ~ 5100 米的地方，**为了抵御低温**，身上覆盖着蓬松厚**实的绒毛**。这些毛如果弄脏了会影响保暖效果，所以，及时清理毛发十分必要。

可是，山绒鼠身上的绒毛只能保持体温，没法让身体暖和起来。因此，它们**一有空就会坐在太阳下**，**闭着眼睛**，**静静晒日光浴**，那惬意的模样就像泡在澡堂里一动不动的大叔。这样的山绒鼠看上去无比悠闲，其实**也是在为了生存而努力**！

生物名片

哺乳纲

■ **中文名** 北方山绒鼠
■ **栖息地** 南美洲南部和西部的山地

■ **大小** 体长约40厘米
■ **特点** 看起来很像兔子，其实是鼠类

35

鲸的耳屎超级大

人类能用挖耳勺来清理耳朵，鲸可办不到。何况，为了耳道不进水，鲸的耳洞小得出奇，这样一来，**耳朵里的脏东西无法被冲洗出来，只能越积越多。**

它们的耳屎甚至可以**长达 50 厘米、重达 1 千克**，就像一根木制球棒。也许你会想，耳朵里堵了这么大的耳屎，会不会听不到声音了？不用担心，研究发现，**鲸外耳道的耳屎密度和海水差不多，不会影响声音进入耳朵。**

不仅如此，它们的耳屎还能像树的年轮一样，**告诉我们鲸的年龄，甚至是不同阶段的精神压力情况**——可不要小瞧了耳屎哦！

生物名片

- **中文名** 座头鲸
- **栖息地** 广泛分布在各大洋
- **大小** 体长约13米
- **特点** 胸鳍很长，又被称为"大翅鲸"

哺乳纲

Q 海獭全身裹着厚厚的毛皮，不过还是有一个地方会觉得冷，是哪里呢？　➡答案见第38页

北极狐对寒冷很迟钝

北极狐生活在极寒之地，御寒能力非常强大。和其他狐狸相比，它们的**鼻子和耳朵更短**，体内的热量更不易散失，厚实的大尾巴还能包裹全身，达到保暖效果。尤其到冬季时，它们会换上两层毛发，**外层是较硬的长毛，内层是柔软的短毛**，再加上大尾巴，在暴风雪等极寒天气里，身体能拥有**双重保护**。

或许正是因为有了如此强大的保暖装备，北极狐对寒冷的感知非常迟钝。它们**在零下 70℃ 的环境里仍然能够活动**，即使温度下降到**零下 80℃ 也能忍受**。感觉它们一不小心就会被冻成冰雕，真叫人担心哪！

生物名片

哺乳纲

- **中文名** 北极狐
- **栖息地** 北极苔原
- **大小** 体长约55厘米
- **特点** 毛在冬天时呈白色，夏天则变成灰黑色

雄性蓝脚鲣鸟的脚越蓝，越受异性欢迎

脚蓝不蓝？
我帅不帅？

　　蓝脚鲣（jiān）鸟的脚呈鲜艳的蓝色，看上去就像刷了蓝色的油漆。雄性蓝脚鲣鸟的**脚越蓝，就越受异性欢迎**。

　　它们的**脚呈蓝色**，原因在于摄入的食物。蓝脚鲣鸟主要以沙丁鱼等小鱼为食，这些鱼体内含有一种叫类胡萝卜素的**天然色素**，会与鲣鸟体内某些特殊的蛋白质发生反应，并沉积在脚部，于是，它们的脚就渐渐变成了蓝色。

　　在雌性蓝脚鲣鸟看来，雄鸟的脚越蓝，意味着它吃到的鱼越多，越容易生存下去，也就越值得喜欢。雄鸟想必也知道这一点，因此，**它们在求偶时会交替抬起双腿，就像在跳踢踏舞，以吸引雌性的关注。**

生物名片

鸟纲

- ■**中文名** 蓝脚鲣鸟
- ■**栖息地** 中美洲至南美洲的西海岸

- ■**大小** 全长约85厘米
- ■**特点** 会一头扎进海里捕鱼，因爱吃的
鱼类数量减少而面临食物匮乏

　A 第36页的答案➡手掌心。

熊氏鹿因为鹿角太出色而灭绝

熊氏鹿是一种曾经生活在泰国湿地的鹿。它们长着一对壮观的鹿角，比一般鹿的角要大得多，有些熊氏鹿的双角甚至能分出 30 多个叉。

但是，这出色的大角也为它们带来了不幸。因为**鹿角可以做成装饰品，又被认为是一种名贵的药材，鹿皮也能制成皮具**，大批熊氏鹿遭到猎杀。

更糟糕的是，随着越来越多的湿地被改造成水田，熊氏鹿不得不转入森林生活。可是，**它们硕大的鹿角很容易被树杈卡住，动弹不得，更难逃脱被捕杀的厄运**。由于人类长期捕猎，到 20 世纪 30 年代，熊氏鹿被宣告灭绝。

生物名片

哺乳纲

■ **中文名** 熊氏鹿（已灭绝）
■ **栖息地** 泰国西南部的沼泽地带

■ **大小** 体长约1.8米
■ **特点** 感到危险时会逃进水中

漂亮吧？

曲冠簇舌巨嘴鸟竟然"烫"了一头鬈发

　　不同生物在进化的过程中，偶尔会表现出奇迹般的一致性。有些动物虽然**分属不同的物种类别、拥有不同的祖先，却进化出了相似的形态**。例如，鲨鱼是鱼类，而海豚是哺乳类，但它们的身形却极为相似。

　　生活在亚马孙雨林的曲冠簇舌巨嘴鸟足以让我们感受到这种进化的奇迹：它们**有着华丽的七彩身躯**，以及一头仿佛刚烫好的"鬈发"，看起来很像时髦的中年阿姨。

　　至于它们为什么会长成这样，只能说生物的进化中，还有很多未解的谜团。

生物名片

鸟纲

- **中文名** 曲冠簇舌巨嘴鸟
- **栖息地** 南美洲的森林
- **大小** 全长约40厘米
- **特点** 能通过巨大的喙来调节体温

　穴小鸮(xiāo)会在巢穴里铺什么？　➡答案见第42页

金黄突额隆头鱼的下巴
会长成"地包天"

金黄突额隆头鱼是一种奇特的鱼。它们幼年时全都是雌性，种群中**只有体形生长到一定尺寸的个体，才会由雌性变成雄性**，并和其他雌性交配，繁衍后代。

当它们从雌性变成雄性时，外貌也会发生变化。**前额会向前隆起，形成一个大鼓包，下巴也会一点一点长成地包天的样子。**变化的原因还不清楚，或许是因为它们变成雄性后，需要用这副模样来威吓敌人、守护自己的领地吧。

对了，雄鱼前额的鼓包摸起来软嘟嘟的，里面堆满了脂肪。

生物名片

硬骨鱼纲

■ **中文名** 金黄突额隆头鱼
■ **栖息地** 西太平洋海域

■ **大小** 全长约1米
■ **特点** 一条雄鱼会与多条雌鱼交配

41

其实是上眼皮

苏里南角蛙头上的角

管它是角
还是眼皮，
够酷就没问题

　　苏里南角蛙是一种体形很大的蛙，比成年人的手掌还要大一圈。它们食欲旺盛，一点儿也不挑食，**几乎会捕捉所有在眼前移动的生物并吞进肚中**，以至于有时猎物太大，把自己噎死，是个十足的"吃货"。

　　它们的奇特之处在于眼睛上方高高隆起的两个"角"。不过，那其实**不是角**，而是它们的上眼皮。

　　如此突出的上眼皮究竟有什么用？目前还不是很清楚。蛙类的眼睛有一层相当于眼皮的**"瞬膜"**，能以从下往上覆盖住眼球的方式实现**"眨眼"**。这样看来，上眼皮的存在就更加无关紧要了。

生物名片

两栖纲

- ■**中文名** 苏里南角蛙
- ■**栖息地** 南美洲的沼泽和池塘
- ■**大小** 体长约15厘米
- ■**特点** 会躲在土里或落叶里伏击猎物

Ａ 第40页的答案➡其他动物的粪便。

鳞角腹足蜗牛的壳会生锈

我还能吸铁呢！

　　鳞角腹足蜗牛的身体一部分是由金属构成的——听起来是不是很像那些漫画里的主角才拥有的超能力？

　　它们虽然是一种螺，**腹足却包裹着一层含硫化铁的鳞片。**这样的"铁脚"盖住了螺壳的开口部分，可以防止被敌人捕食。

　　鳞角腹足蜗牛生活在2000米深的海底热泉附近，那里的氧气非常稀薄。**一旦把它们从缺氧的深海转移到氧气充足的地方，腹足表面的铁就会和氧气发生化学反应而生锈。**鳞角腹足蜗牛在缺氧的深海里不断进化，最终成功适应了恶劣的环境，但也进化成了只能在特定环境下生存的模样。

生物名片

腹足纲

- ■ 中文名　鳞角腹足蜗牛
- ■ 栖息地　印度洋的深海
- ■ 大小　螺壳直径约4厘米
- ■ 特点　栖息在海底热泉附近

华丽角龙长了很多角，
却没什么用

　　说起长角的恐龙，比较出名的要数三角龙，但目前已知**头部长角最多的是华丽角龙**。它们生活在距今约 7600 万年前的白垩纪晚期，不仅鼻子、眼睛上方长角，就连脸颊上也长了角，**总共有 15 只角**。这些角中**有 10 只长在颈盾上方，呈向下卷曲状，看起来很像刘海**。

　　恐龙的角一般用作武器来和敌人战斗，但华丽角龙那些弯弯垂下来的角显然无法战斗。有人认为，这个性十足的"刘海"主要用来**吸引异性**。不过，真正的用途恐怕只有华丽角龙自己知道。

生物名片

爬行纲

- **中文名** 华丽角龙（已灭绝）
- **栖息地** 北美洲的平原
- **大小** 全长约5米
- **特点** 拉丁学名的意思是"脸上装饰着角"

白秃猴的脸色会随身体情况而变化

瞅啥瞅?

白秃猴长得很像身披蓑衣、喝得烂醉的老爷爷。虽然它的**秃头**令人瞩目，但更引人注目的是那**红红的脸蛋**。白秃猴的脸上几乎没有多余的脂肪，由于面部缺乏皮肤色素，皮下又有着丰富的毛细血管，血色透到皮肤表面，让整张脸都红通通的。

当它们**剧烈**运动或者生气时，**血液循环加快**，脸就会变得更红。反之，在**感到寒冷或身体不适**的时候，脸色就会发青。

人类习惯把通过观察别人神态来揣摩对方心理的行为叫作"看脸色"，而白秃猴的身心状况完全不需要揣摩，看它们的脸色就知道了。

生物名片

哺乳纲

- **中文名** 白秃猴
- **栖息地** 亚马孙河沿岸的雨林

- **大小** 体长约55厘米
- **特点** 下颌十分有力，能咬开树木坚硬的果实

网纹瓜独特的纹理其实是累累的伤痕

网纹瓜是甜瓜的一个培育品种，它们的表皮上布满凹凸不平的网状纹路，这些纹路并不是天生的。

刚刚长出来的网纹瓜表皮非常光滑，但经过两周左右的生长，表皮就会变硬、难以延展，很难随着果肉的膨大而增加面积。因此，随着内部果肉部分不断地生长，**表皮被果肉向外撑开，形成了许多细小的裂痕。**

而瓜内的一些汁水会由此渗出，凝固在表皮上，以修补这些裂痕。也就是说，网纹瓜表面的纹路是它们伤口愈合形成的痂。

生物名片

被子植物门

■中文名	网纹瓜
■原产地	非洲

■大小	直径约13厘米
■特点	据说瓜皮纹路越细、越密、越凸起，瓜肉就越好吃

大秃马勃个头不小，
但被风一吹就会消散

随风而去……

Before

大秃马勃是一种大型真菌，可以长到直径超过 50 厘米、重 10 千克以上。它们常常**在一夜之间就长成这么大**，生长速度令人惊叹。

刚长成的大秃马勃是白色的，**在 2 ~ 3 周内会逐渐变成茶褐色**。等到成熟时，菌伞表皮就会开裂成不规则块状剥落，露出几万亿个孢子。这些孢子**散发出一股尿液般的味道，风一吹就会飘散到各处，消失得无影无踪**。

听起来有点儿像妖怪？其实没什么可怕的。刚刚长成的大秃马勃还可以食用呢，不过味道一般。中医还认为它有很高的药用价值。

生物名片

担子菌门

- ■**中文名** 大秃马勃
- ■**栖息地** 温带的草原、森林

- ■**大小** 直径约30厘米
- ■**特点** 常在夏秋季节萌发

那些人类擅自编造的
让人遗憾的命名

人类为什么要给它们起这种名字？

一些不能接受自己名字的动物聚集到了一起。

看到它们的时候，请温柔地和它们打招呼哟！

Gorilla gorilla gorilla

这是西非低地大猩猩的拉丁学名，是世界上数量最多的猩猩，堪称猩猩界代表。

鼠狐猴

和老鼠一样小，脸长得像狐狸的猴子。

粪金花虫

幼虫会拟态成毛毛虫等虫子的粪便，以避免被鸟类捕食（中文名：瘤叶甲）。

嗨，我是军舰鸟。为了寻找猎物，我有时会连着好几周在天空中滑翔，飞个几千千米不在话下。飞行时，我可以只让半边大脑休眠。甚至当两边大脑都在休眠时，我还能继续飞——不过这种情况下一般睡不了几分钟，因为不控制的话我会边飞边下坠。

边飞边睡边下坠。

军舰鸟

哈喽，我是宽吻海豚！你想问我"要是在水里睡着了会不会窒息"？我的大脑可以一半醒着，另一半休息，这样就不会忘记呼吸啦。有时我会只闭上一侧的眼睛，并让另一侧的大脑进入睡眠。所以说，我任何时候都不会完全睡着！是不是很厉害？

你好……我是树懒……除了吃饭和上厕所……我都尽可能待在树上不动弹……每天只要吃几片树叶……我就饱了……这些叶子需要半个月到一个月才能消化完……我每天都要睡15～20个小时……真是精神饱满……

大脑半睡半醒。

宽吻海豚

困得睁不开眼……

树懒

第**3**章

让人遗憾的
生活方式

想在残酷的自然环境中生存下来，
方法有很多种。
但是，有些生物选择的生活方式，
实在是让人叹为观止。

熊猫蚂蚁的名字让人分不清它们是什么动物

我到底是什么呢……

　　在南美洲生活着一类名叫熊猫蚂蚁的昆虫。这名字听起来像是随便想出来的，但亲眼看到你就会发现，它们长着圆圆的脑袋，全身还覆盖着黑白相间、蓬松柔软的毛，看上去确实有点儿像熊猫，体形也酷似蚂蚁，仔细一想，叫它"熊猫蚂蚁"也有几分道理。

　　可实际上，熊猫蚂蚁并不是蚂蚁，而**属于蜂类**。不过，只有雌性腹部末端藏有厉害的毒针，雄性没有。其他动物一旦被它们蜇到，就会剧痛难忍，甚至毒发身亡，所以熊猫蚂蚁又被叫作"奶牛杀手"。还有**身体呈红、蓝、橙等不同颜色的熊猫蚂蚁**，身体颜色的排布方式也十分丰富，很难总结出不同种之间明确的共同点。

生物名片

昆虫纲

- ■**中文名** 熊猫刺蚁蜂
- ■**栖息地** 智利的森林

- ■**大小** 体长约8毫米
- ■**特点** 雌性无翅，长得像熊猫；雄性有翅，外形更接近普通蜂类

Ｑ 白脸角鸮发现敌人时会怎么样？　　　　➡答案见第56页

蹄兔的名字也让人相当迷惑

叫什么不重要，重要的是我就是我。

希腊神话里有一种名叫"奇美拉"的怪物，它长着狮子的脑袋、山羊的身躯和蛇的尾巴，样子很奇特。而蹄兔拥有比奇美拉更奇怪的身体。

蹄兔一眼看上去**很像豚鼠或兔子**，全身的**骨骼构造却与犀牛相似**。而从生物学角度来讲，**和它们血缘关系最近的动物其实是大象**。蹄兔的脚部骨骼结构和大象很相似，还长着蹄子一样扁而圆润的趾甲。

在日本，**人们把蹄兔叫作"岩狸"**，但实际上它们和"狸猫"一点儿关系都没有。这名字实在让人莫名其妙，但只要蹄兔还活得好好的，就没必要深究了。

生物名片

哺乳纲

■ **中文名**	岩蹄兔	■ **大小**	体长约45厘米
■ **栖息地**	非洲、中东的岩石和森林地带	■ **特点**	足垫抓地很牢，擅长攀岩

勇敢探索吧！

阿德利企鹅通常会群居，聚在一起养育孩子。目前已知最大的企鹅群中，竟然有150万只企鹅聚集在一起生活，数量堪比一个小型城市的人口。每到繁殖期，**最开始负责孵蛋的是企鹅爸爸**，这期间**企鹅妈妈会外出到海里寻找食物**，之后**雌雄企鹅会轮流照看宝宝**。

企鹅妈妈们到了海边以后，不会立刻跳进海里，可能是因为害怕海豹。它们会站在岸边一直推推搡搡，仿佛在争论"你先来吧？""不不，你先来！"……**直到终于有一只企鹅被推进海里**。其他企鹅则会站在冰面上观察，确认先下海的同伴安全无恙后，再集体跳进海中觅食。这操作忍不住让人想吐槽：真的没有其他更好的办法了吗？

生物名片

鸟纲

- **中文名** 阿德利企鹅
- **栖息地** 南极及周围岛屿
- **大小** 全长约75厘米
- **特点** 肉食动物，以磷虾和鱼类等为食

A 第54页的答案➡会秒变成瘦子。

阿德利企鹅会让同伴『试水』来确保安全

狮子深受小草的折磨

　　如果问你狮子的天敌是谁，你会想到什么动物？鬣（liè）狗，鳄鱼，还是猎豹？都不是。**狮子的天敌其实是一种小草——镰稃（fū）**。

　　这种草被称为"狮子杀手"。当它们成熟后，**带硬刺的果实会自动掉落到地面上**，就像忍者逃走时抛到地上、用来阻拦敌人的菱形武器。这些果实上的硬刺还带有倒钩，一旦刺进动物的肉里，就很难拔出来。

　　过去还流传过这样的故事：一头狮子不小心被镰稃的倒刺扎了脚，它试图用嘴把倒刺拔出来，结果倒刺又扎进了嘴里。狮子痛苦得**无法进食，最后活活饿死了**。

生物名片

哺乳纲

- ■ **中文名** 狮子
- ■ **栖息地** 非洲、印度的草原
- ■ **大小** 雄性体长约2.4米
- ■ **特点** 猫科动物里唯一的群居动物

很受欢迎的番茄 曾被冷落200年

📷

\# 我没毒 \# 营养满满
\# 别傻看了，快来尝尝呀！

今天，番茄已成为餐桌上的必备食材，人们将它做成各种各样的美食，百吃不厌。然而大多数人都不知道，番茄曾经有过一段相当"悲惨"的过去。

番茄**原本生长在秘鲁高原**，大约1000年前，墨西哥地区开始人工种植番茄。500年前，番茄传入欧洲。然而，**在此后长达200年的时间里，番茄一直被误认为是有毒的植物，只能观赏，不能食用。**

据说，后来由于意大利面临饥荒、食物匮乏，有人饥饿之下吃了番茄，却惊讶地发现："这不是挺好吃的吗？而且根本没有毒呀！"番茄才逐渐作为食物传播开来，成为最"成功"的蔬菜之一。

生物名片

被子植物门

■ 中文名	番茄	■ 大小	果实直径约7～8厘米
■ 原产地	南美洲	■ 特点	全世界品种超过8000种

哈氏异康吉鳗有时会吃到便便

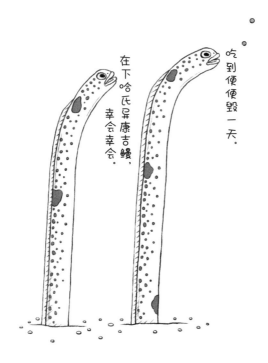

吃到便便毁一天。

在下哈氏异康吉鳗，幸会幸会。

近年来，哈氏异康吉鳗在日本的人气急剧上升。它们从沙土里钻出半截身体，随着水流摇摇摆摆，那可爱的样子让人目不转睛。哈氏异康吉鳗任由水流摇动身体，看似在发呆，实则是在**用身体感受水的流向**，紧盯着漂浮而来的浮游生物。只要是流到身边的食物，它们不管三七二十一就囫囵吞下。

哈氏异康吉鳗总是密切关注着周围的情况，可眼神儿却不太好——据说它们偶尔不小心会把同伴的便便当成食物吃进嘴里，再慌慌张张地吐出来。

生物名片

硬骨鱼纲

- ■**中文名** 哈氏异康吉鳗
- ■**栖息地** 太平洋西部至印度洋的海底沙地
- ■**大小** 全长约40厘米
- ■**特点** 脸长得很像日本狆(zhòng)犬

A 第58页的答案➡屁股上的毛会绽放成桃心形。

受欢迎也挺辛苦的。

哎呀！

雄穴兔喜欢雌穴兔，就会朝对方喷射尿液

　　雄性穴兔一旦喜欢上某只雌兔，就会热情高涨，一蹦一跳地跟在雌兔后面，然后慢慢靠近，或围着对方转圈圈，逐渐拉近彼此的距离。然而，雌兔却常常视若无睹，自顾自在那里慢悠悠地吃草。

　　眼看时间一点点过去，雄兔变得焦躁起来，开始冲动——它会向雌兔喷射尿液来吸引对方的注意。这一招偶尔会让雌兔对雄兔产生兴趣，但大多数情况下，雌兔只会继续无视雄兔，然后扫兴地钻回洞穴。

生物名片

哺乳纲

■ **中文名** 穴兔
■ **栖息地** 欧洲、非洲的森林和草原

■ **大小** 体长约43厘米
■ **特点** 被认为是大多数家兔的祖先

真让猴上瘾！

黑纹卷尾猴会把草秆捅进鼻孔来打喷嚏

黑纹卷尾猴会用石头砸开果实来吃。除了人类，很少有动物会利用石头、树枝等作为工具，黑纹卷尾猴就是其中之一，是一种**非常聪明的猴子**。

不过，它们使用工具的方式，有时候在人类看来却傻乎乎的。黑纹卷尾猴**一旦发现手边有草秆或者细木棒之类的长条，就会不假思索地将它们捅进鼻孔里戳来戳去，直到成功打出一个大大的喷嚏**。

这是因为绝大多数动物都主要用鼻子来呼吸，因此，清理鼻腔就显得格外重要。其实黑纹卷尾猴只是在利用天然的"棉签棒"来清理鼻腔，只不过动作有些夸张，像在搞什么行为艺术。

生物名片

哺乳纲

- ■ **中文名** 黑纹卷尾猴
- ■ **栖息地** 巴西的森林

- ■ **大小** 体长约40厘米
- ■ **特点** 由于栖息地被严重破坏，目前种群濒危

Q 蜉蝣的成虫能活多久？

→答案见第64页

白颊黑雁刚出生就得拼命

啊

　　白颊黑雁为了不被天敌袭击，特意选在悬崖上筑巢、产卵。这样的环境虽然可以在一定程度上免受敌人的袭击，但对即将出生的雏鸟同样不友好。白颊黑雁妈妈似乎只负责产卵，而不会亲自给雏鸟喂食，所以雏鸟不得不**刚出生就从100多米高的悬崖上跳下来，跟随父母外出觅食。**

　　雏鸟刚出生时并不会飞行，身体很轻，且十分脆弱。它们**一旦在下落途中撞上了岩石，可能就一命呜呼了。**何况，它们的**天敌海鸥、北极狐等可能正在崖下守着，就等着雏鸟掉下来呢！**白颊黑雁的育儿方法未免太残忍了。

生物名片

鸟纲

- ■ **中文名** 白颊黑雁
- ■ **栖息地** 北大西洋的北极岛屿
- ■ **大小** 全长约65厘米
- ■ **特点** 候鸟，一个月能飞3000千米

蜻蜓为了亲热
会拼上性命

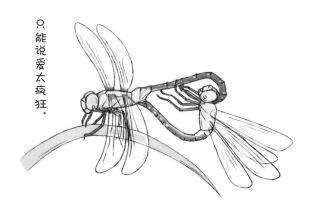

只能说爱太疯狂。

　　也许你见过**两只蜻蜓交缠在一起摆成爱心形**的场景，那是它们正在交配：雄蜻蜓用尾部的倒钩牢牢钩住雌蜻蜓的脑后，雌蜻蜓则将自己的尾巴贴在雄蜻蜓腹部的下方，好让自己受精。

　　猛一看，这可真是如胶似漆的一对儿。实际上，雌蜻蜓却是拼上了性命在交配。**雄蜻蜓钩住雌性时，往往会钩得太紧，在雌性的头部后方戳出不少窟窿。**

　　交配后，**雄蜻蜓还会紧追着雌蜻蜓，以防其他雄性和自己的爱人再次交配，直到它产完卵。**因此，与其说雄蜻蜓是个痴情人，不如说是个跟踪狂，而蜻蜓交配就是一出昆虫界的"狗血剧"。

生物名片

■ **中文名** 碧伟蜓	■ **大小** 体长约7厘米
■ **栖息地** 亚洲、欧洲、北非的水边	■ **特点** 会边飞边捕食昆虫

昆虫纲

甲龙身体很坚硬，精神却很脆弱

说到底，这是个弱肉强食的世界。

　　甲龙是一种生活在白垩纪晚期的植食性恐龙。当时也有很多像霸王龙这样凶猛的食肉恐龙，好在**甲龙背上覆盖着铠甲般的钉状骨质甲板，可以保护自己。**它们的尾巴末端还有一个由骨骼构成的硬块，整条尾巴看上去就像一把巨大的锤子，它可能会用力挥动尾巴，赶走食肉恐龙。

　　你可能会觉得，都武装到这种程度了，无论面对什么敌人都不怕了吧？然而，甲龙的精神却像豆腐一样不堪一击。最近的研究还显示，**甲龙会因为压力而患上胃病。**

生物名片

爬行纲

- ■ **中文名** 甲龙(已灭绝)
- ■ **栖息地** 北美洲
- ■ **大小** 全长约7米
- ■ **特点** 长有许多细小的牙齿,适于啮碎植物

结球甘蓝经常"撒谎"

大事不好了！快来人哪！！

　　结球甘蓝会雇佣"保镖"来保护自己。**一旦叶子被小菜蛾幼虫啃食，它们就会释放出独特的气味引来保镖——菜蛾盘绒茧蜂。**

　　菜蛾盘绒茧蜂会将产卵器刺入小菜蛾幼虫的身体，在它们体内产卵。**这些卵孵化为幼虫后，就以小菜蛾幼虫的体液为食。**

　　这样一来，结球甘蓝就"驱虫"成功了。不过，它们有时候可能有点儿夸张——**哪怕只被咬掉了一点点叶子，也会散发出很重的气味，像是在大声求救："快来呀！快来呀！我要被咬死了！"** 然而，当一大群菜蛾盘绒茧蜂赶来的时候，可能发现这里一条小菜蛾幼虫都找不到。

生物名片

被子植物门

- ■中文名　结球甘蓝
- ■原产地　欧洲地中海沿岸
- ■大小　直径约25厘米
- ■特点　含有对胃有益的成分，可入药

　Q 大猩猩怎么打招呼？　　　　　　　　　→答案见第68页

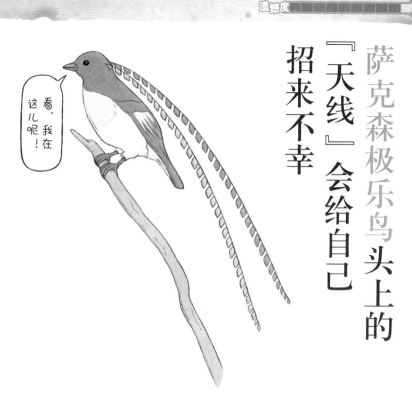

看，我在这儿呢！

萨克森极乐鸟头上的『天线』会给自己招来不幸

　　萨克森极乐鸟居住在新几内亚的雨林里，即便在美丽的极乐鸟大家族中，它们的外形也非常引人注目。萨克森极乐鸟**头上长着两根长达 50 厘米的饰羽，几乎是身长的两倍，就像头顶插着两根天线**。

　　只有雄鸟才有饰羽，它们会边跳舞边前后左右摇晃饰羽来吸引雌鸟。但是，这样的形象实在太惹眼了，它们的天敌阿氏园丁鸟会来啄断这两根饰羽，带回去**装饰自己的巢**。

　　当萨克森极乐鸟的标本第一次被运回欧洲，当时的科学家们难以置信："自然界怎么可能存在这么美的鸟！"甚至**拒不承认萨克森极乐鸟是真实存在的**。

生物名片

鸟纲

- ■ **中文名** 萨克森极乐鸟
- ■ **栖息地** 新几内亚的深山雨林

- ■ **大小** 全长约22厘米（不包括饰羽）
- ■ **特点** 通过头皮下的肌肉牵动两根饰羽

如果总在灯下观赏孔雀鱼，它们会被活活累死

　　孔雀鱼是一种很受欢迎的观赏鱼，体色鲜艳，有红、黄、蓝、银等多种颜色。如果饲养孔雀鱼的缸里有灯光照明，晚上一定要记得关掉。

　　孔雀鱼**和其他鱼类一样没有眼睑**，即使睡着了，眼睛也会睁得大大的。如果晚上也一直开着灯，它们就会分不清白天和黑夜，**生活节律被打乱，难以正常休息。长此以往，孔雀鱼会变得越来越衰弱，甚至因熬夜过多而死。**

　　如果为了充分欣赏孔雀鱼鲜艳的体色而一直用灯光照射，它们就会疲劳、累积压力，**美丽的颜色和体形也会发生变化，可谓得不偿失。**

生物名片

■**中文名** 孔雀鱼
■**栖息地** 热带到温带的河流
硬骨鱼纲

■**大小** 全长约5厘米
■**特点** 不产卵，直接生小鱼

考拉一到炎热的天气就没精打采

　　考拉长着圆溜溜的眼睛和圆滚滚的身体，深受孩子们欢迎。光是看着它们坐在树上嚼叶子的可爱模样，就让人感觉非常治愈。

　　然而，天气一热，考拉的状态就不一样了。它们会**把整个肚皮贴在树上，垂下四肢**，就这样一直趴在树上睡觉，仿佛被炎热夺走了全部的力气。其实，这个动作能够帮它们**更好地散热**。

　　考拉不会排汗，没法通过出汗来散热。因此，在气温偏高的时候，它们会**尽可能地让身体接触更凉快的树木**。为了让接触面积最大化，考拉最终选择了这种看起来没精打采的慵懒姿势。

生物名片

哺乳纲

- ■ **中文名** 树袋熊
- ■ **栖息地** 澳大利亚东部的森林

- ■ **大小** 体长约75厘米
- ■ **特点** 雌性胸部呈白色，成年雄性的胸部中央有一块呈棕色

懒熊吃饭的样子
十分粗鲁

吸溜——
吸溜——

懒熊虽然名字里有个"懒"字，其实却一点儿都不懒。之所以被叫作懒熊，是因为它们会用长达8厘米的爪子抓住树干，将身体挂在树上，像极了树懒。

懒熊最喜欢的食物是白蚁。一旦发现白蚁的巢穴，它们就会用爪子把它挖开，使劲儿把鼻子和长长的吻部探进去，**像吸尘器一样吸溜吸溜地把白蚁吸入口中**。

懒熊吸食白蚁时会**发出非常大的响声，在100米外都能听见**——人们远远地就知道，这是懒熊在吃饭。

生物名片

哺乳纲

- **中文名** 懒熊
- **栖息地** 印度、斯里兰卡的森林和草原
- **大小** 体长约1.7米
- **特点** 会站起身闻味道来寻找食物

Q 潮虫是怎么喝水的？ ➡答案见第72页

阿诺德大王花两年才开一次花，很快就会变臭

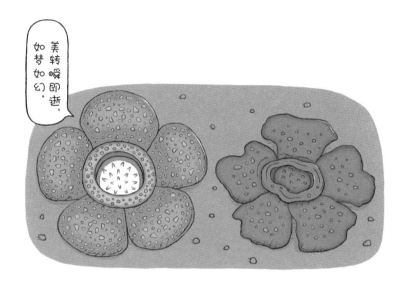

　　阿诺德大王花会开出巨大的红色花朵，看起来妖娆无比，也被称为"妖怪花"。花朵直径最大可达 1.4 米，一个小学生躺在上面睡觉也没问题。

　　不知道是不是因为花朵实在是太大了，阿诺德大王花**长出花蕾要耗费一年以上的时间，差不多满两年的时候才能开出花来。**阿诺德大王花盛开时会**散发出厕所一样的味道，吸引苍蝇等逐臭昆虫来帮自己传播花粉。**

　　然而，耗费了这么多能量和时间、好不容易才开出来的花，注定会**在大约一周内凋谢，变得黏糊糊、臭烘烘的，最终枯萎。**

生物名片

■ **中文名** 阿诺德大王花
■ **栖息地** 东南亚的森林

被子植物门

■ **大小** 花盘直径约1米
■ **特点** 无根无叶，是一种寄生植物

雌性黑脸织雀会破坏雄雀的劳动成果

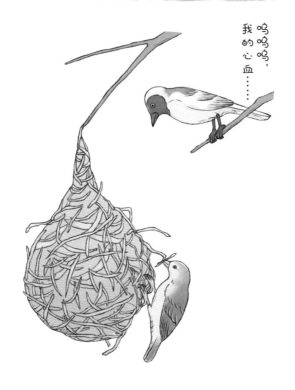

呜呜呜，我的心血……

　　黑脸织雀是一种织布鸟，正如其名，它们会编织草叶来筑巢，就像织布一样。雄性黑脸织雀筑出的巢，即使和其他织布鸟的作品相比也非常出色，透露着满满的工匠精神。

　　黑脸织雀的**巢用草叶和秸秆等编成，像吊床一样悬挂在树枝上。巢的入口朝下，天敌很难从巢中偷蛋**或袭击雏鸟，是一种既巧妙又安全的设计。

　　雄鸟会**花上好几天时间来筑巢，吸引雌鸟前来，并借机向其求婚。如果雌鸟对巢满意，就算求婚成功了；如果雌鸟不满意，就会毁掉雄鸟辛苦织出来的巢，拒绝得明明白白。**

生物名片

鸟纲

- **中文名** 黑脸织雀
- **栖息地** 非洲东部至南部的热带草原
- **大小** 全长约15厘米
- **特点** 有时会把巢悬挂在电线上

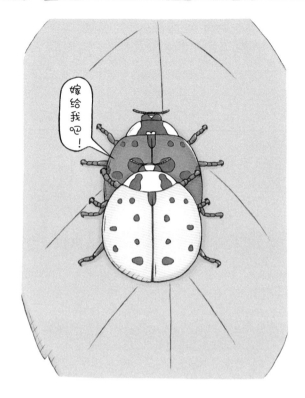

雄性隐斑瓢虫会搞错求婚对象

隐斑瓢虫和异色瓢虫是两种非常相似的瓢虫。

科学家在农学实验中发现，这两种瓢虫长得实在太像了，雄性隐斑瓢虫偶尔会将雌性异色瓢虫**误认为同类而与之交配**。然而，不同种的瓢虫即使交配了也**无法孕育后代**，它们之间的交配行为也就没有任何意义。

与雄性隐斑瓢虫相比，**雄性异色瓢虫就靠谱得多了**，它们总能准**确辨认出同种的雌性**。真希望雄性隐斑瓢虫在行动之前，也能好好看清楚对方是谁啊！

生物名片

昆虫纲

- **中文名** 隐斑瓢虫
- **栖息地** 东亚、东南亚的松林、农田
- **大小** 体长约7毫米
- **特点** 特别爱吃松叶上的蚜虫

海龟对环境很敏感

　　海龟生活在海里，但要在沙滩上产卵。也许你会想，干脆在海里产卵不就好了？可是，海龟虽然可以在水里生活，但也需要时不时浮出水面呼吸，**龟卵同样需要呼吸**，长时间待在海里会窒息而死。所以，海龟妈妈不得不冒着很大的风险上岸产卵。

　　上岸产卵对海龟妈妈来说是性命攸关的大事。**如果沙滩上有巨大的声响或强光，它们是不会上岸的。**

　　即使平安产下了卵，卵成功孵化，幼龟也**可能被沙滩上的轮胎印、垃圾等阻碍而无法返回大海，死在沙滩上**。另外，海龟妈妈在产卵时非常敏感，如果你看到这一幕，一定小心不要打扰到它们哟！

生物名片

■ 中文名　绿海龟	■ 大小　背甲长约90厘米
■ 栖息地　热带、亚热带的海洋	■ 特点　背甲由13块鳞组成

爬行纲

　Q 袋鼠的生日是哪天？　　　　　　　　　　➡答案见第76页

红点鲑食欲旺盛，甚至会不小心吃掉同类

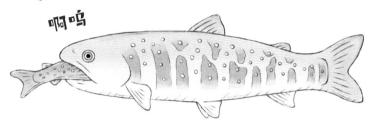

呀，我吃了什么？

啊呜

红点鲑是一种淡水鱼，但**在海里也能生存**。它们属于鲑科大家族，大部分和其他鲑鱼一样，会在幼鱼期从河流游入海洋，长大后再洄游至河流产卵。

或许是还存留了当初洄游的气力，**红点鲑虽然是鱼，却能在陆地上行动**。大多数鱼类上岸后只在原地扑腾，但红点鲑却能**拱起身子，像蛇一样一点一点"爬"回大海**。

红点鲑的食欲非常旺盛，简直是个无底洞，它们不仅吃青蛙和老鼠，甚至**连同类也一口吞下**。难道这是在为回归大海而疯狂储备能量？

生物名片

- **中文名** 红点鲑
- **栖息地** 环北极地区的寒冷水域

硬骨鱼纲

- **大小** 全长约50厘米
- **特点** 秋天会在浅滩的沙石下产卵

飞蝗一旦群居就会变得粗鲁

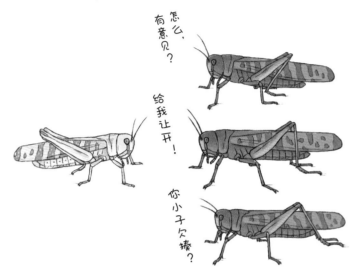

说起蝗虫的体色，大家的第一印象可能是绿色。但即使是**同一种蝗虫，出生地不同，体色也会有差异**，例如变成红色或褐色。也就是说，它们的体色会随环境改变，比如大部分生活在草丛里的蝗虫都是绿色的。

飞蝗会根据周围同伴的数量改变体色甚至形态。**和同伴一起生活的飞蝗，同伴越多，体色就会变得越黑，翅膀也变得越长，甚至性格也变得暴躁起来。**

变成黑色的飞蝗会和大批同伴一起，乌压压地侵入农田，将农作物啃个精光。

生物名片

昆虫纲

- **中文名** 飞蝗
- **栖息地** 亚欧大陆、非洲

- **大小** 体长约4厘米（雄虫）
- **特点** 雄虫会将黑色的细长物体当成雌虫抱住

A 第74页的答案➡第一次从妈妈的育儿袋里探出头的那天。

袋獾太喜欢互相蹭脸，
以至于快灭绝了

袋獾别名"塔斯马尼亚恶魔"，正面临灭绝的危机。罪魁祸首是一种叫作"袋獾面部肿瘤病"的疾病，病名和袋獾的别名一样可怕。患病的袋獾脸上会长出肿包，随着肿包越来越大，它们最后会因为无法进食，或者器官衰竭、感染而死。

这种疾病让袋獾**在近 20 年内从 14 万只锐减至 2 万只左右，数量减少了约 85%。**而疾病的快速传播，是它们的习性导致的。

袋獾在一起玩耍或求偶时，有互相蹭脸的习惯。当感染了疾病的袋獾去蹭其他健康同伴时，就会把疾病传染开来，不知不觉造成疾病的大流行。

生物名片

哺乳纲

- ■ **中文名** 袋獾
- ■ **栖息地** 澳大利亚塔斯马尼亚岛的森林

- ■ **大小** 体长约60厘米
- ■ **特点** 和袋鼠、树袋熊一样，在育儿袋里养育后代

牛看见红色的布就会兴奋

红色是什么颜色？

狮子会把自己的孩子推下山谷

孩子那么可爱，我怎么舍得！

狮子非常疼爱自己的孩子，何况它们生活的草原上基本上没有山谷。

牛是色盲，它的眼中只有黑、白、灰3种颜色。因此，它们不是对红色有反应，而是对运动的物体有反应。

鼹鼠总是在地底挖土前进

其实我不怎么挖土！

微微一笑

挖土很费力气。鼹鼠平常习惯待在已经挖出来的"主路"里，只有出去觅食时才会开辟"支线"。

螃蟹只会横着走

我根本没法横着走啊！

蛙蟹只会快速向前或向后行走。

那些人类擅自传播的
让人遗憾的谣言

「不不不，真的不是这样的！」

人类有意无意地制造出了不少谣言。

现在，这些生物正对着夕阳控诉呢。

野猪不会拐弯

怎么可能嘛！

野猪不但能拐弯、急刹车，还能跳一米高呢！

猫爱吃鱼

我只是给啥吃啥，谁说我爱吃了？

印度人认为猫爱吃咖喱，意大利人觉得猫爱吃意大利面。

狼蛛很厉害

其实我很脆弱！

毒性不如蜜蜂，身体也很脆弱，掉到地上可能会摔死。

79

你知道吗？蛇是完全尝不出味道的。我们捕猎的时候都是把猎物囫囵吞下肚，即使能尝出味道，也没什么意义……所以我完全没有挑食的烦恼。是不是很羡慕？

蛇
总是吞着吃东西，
没必要尝味道

2 味觉比赛

我是兔子，我最喜欢吃好吃的！我有 17 000 个味蕾，几乎是人类味蕾数量的 2 倍。所以我非常挑食，毕竟美食家不是那么好当的。不过，悄悄告诉你，其实我也吃自己的便便。柔软的便便可是非常有营养的。至于味道怎么样……你还是不知道为好。

大家好，我是鲇鱼。我最懂味道了，全身有 20 万个味蕾！即使在浑浊的水里，我也能通过闻味道来确定食物的位置。吃东西之前，我就知道到底好不好吃。是不是很方便？

鲇鱼

全身都能感知味道

兔子

味觉超灵敏的美食家

第4章

让人遗憾的
能力

谁都有擅长和不擅长的事。

但是，有些生物明明有着不错的能力，

却用在了莫名其妙的地方。

用油性笔画个圈，蚂蚁就出不来了

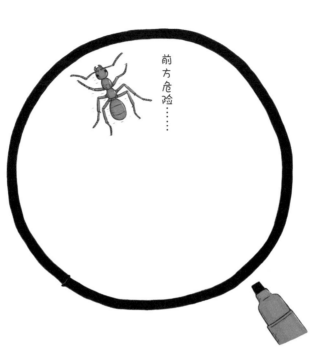

前方危险……

　　告诉你一个阻止蚂蚁前进的办法：**用油性笔在蚂蚁前进的路上唰地画一条线**，蚂蚁立刻就会止步。这条线仿佛一面透明墙，挡住了蚂蚁的去路。

　　这是因为蚂蚁十分讨厌油性笔的气味。它们对气味很敏感，看到食物后会分泌出一种能够充当路标的信息素，只要在通往巢穴的路上不断洒下信息素，其他蚂蚁就能顺着气味追踪到食物，将食物搬回家。

　　不过，就算知道了这个秘密，最好也不要随意阻挡这些勤劳的小家伙呀！

生物名片

昆虫纲

■**中文名** 日本黑褐蚁
■**栖息地** 东亚的草地

■**大小** 体长约6毫米（工蚁）
■**特点** 在干燥地面下1米深处筑巢

Q 什么东西对海象来说很难处理？

➡答案见第86页

刺猬会面目狰狞地吐泡泡

洗个泡泡浴！

刺猬长了一张可爱的脸，因而广受欢迎。它那小小的身体长了5000多根刺，刺和头发、指甲一样，主要都是由角蛋白构成的。也就是说，刺猬的刺其实是角质化的毛发。

可能正因为如此，刺猬也有类似舔毛的行为。发现周围有陌生的东西时，它们会一通啃咬，把唾液和啃下的碎屑在嘴巴里混合，形成泡泡，再用长长的舌头把泡泡涂到刺上。

刺猬这样做，可能是在努力融入周围的环境，用环境中的气味掩盖自己。但它们往身上涂泡泡时，表情会变得十分狰狞，如果家里养了刺猬，主人见了很可能会大惊失色："这还是我家的小可爱吗?！"

生物名片

哺乳纲

■ 中文名	普通刺猬	■ 大小	体长约25厘米
■ 栖息地	广泛分布在亚欧大陆	■ 特点	冬天体温会降低到接近气温，进入冬眠

光藓其实不会发光

　　光藓在黑暗中看起来就像绿宝石一样，泛着幽幽的光，但其实它们并不会真的发光。

　　光藓拥有发达的原丝体^①，能产生很多圆圆的镜片一样的细胞，这些细胞能像放大镜一样**将外部的微弱光线聚焦到一个点上**。这些细胞内含有叶绿体，当它们**被聚焦的光线照射时，就会反射出绿宝石一样的光**，这就是光藓"发光"的真相。

　　也就是说，光藓并不会自己发光，只是会**反射周围环境中的光线**。

①藓类植物孢子萌发而成的丝状体，会继续长出芽体，发育成新植株。

生物名片

■**中文名**　光藓
■**栖息地**　北半球的寒冷地区
藓类植物门

■**大小**　孢子直径约10微米
■**特点**　会受微小的环境变化影响，甚至因此枯萎

源氏萤一辈子都在不知疲倦地发光

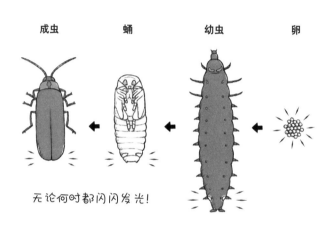

成虫　　　蛹　　　幼虫　　　卵

无论何时都闪闪发光！

光藓本想在岩石上低调生活，却因为会"发光"而总是被人一眼发现。源氏萤则恰好相反，**一直在主动发光，不发光就难受**。

很多同学都知道，萤火虫腹部末梢的发光器能发出强光。大部分萤火虫会在变为成虫后发光，主要是**为了求偶**，闪烁的光亮能让雄虫和雌虫在黑暗中辨认出彼此的信号，相互吸引。

让人惊奇的是，源氏萤的幼虫也会发光。如果说成虫发光主要是为了辨识和吸引同类的异性，幼虫发光的理由就让人摸不着头脑了。甚至**连它们的蛹和卵都会发光**！从出生到死亡，源氏萤在短暂的生命中一刻不停地发光，真是让人费解。

生物名片

昆虫纲

| ■**中文名** | 源氏萤 | ■**大小** | 体长约1.5厘米 |
| ■**栖息地** | 日本的森林 | ■**特点** | 幼虫肉食性,化为成虫后不再进食 |

长臂猿生活在热带雨林中，能在 40 米高的树木间自由穿梭。它们用"臂行法"前进——手臂挂在树枝上，每摆荡一次就可以在树枝间穿行 3 米，**类似我们在公园里常见的健身器材"云梯"上做出的锻炼动作。**

热带雨林湿热多雨，植被繁茂，但树上也会有不少枯枝。如果运气不好抓到了枯枝，枯枝很可能会咔嚓一声折断，长臂猿便会从树上掉下来。下落时它们通常能及时抓住其他树枝，但也很容易受伤，甚至不幸摔到地上。

调查显示，**每 3 只雄性长臂猿中就有 1 只身上带有从树枝上跌落造成的骨折痕迹，雌性则是每 4 只里有 1 只骨折过。同学们在玩云梯时，也一定要注意安全哟！**

生物名片

哺乳纲

- ■ **中文名** 白掌长臂猿
- ■ **栖息地** 东南亚等地的森林
- ■ **大小** 体长约50厘米
- ■ **特点** 叫声响亮，能传到1千米外的地方

都说了让你小心点！

Q 蝙蝠（fèn）怎样表达爱意？

➡ 答案见第90页

长臂猿经常骨折

咔嚓

啊，胳膊又要断了!!

肉毒杆菌太「傲娇」

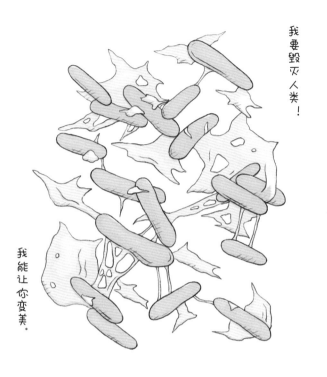

我要毁灭人类！

我能让你变美。

肉毒杆菌栖息在土壤、海洋、湖泊、河流中，甚至家畜的粪便或蜂蜜里，总之，在很多地方都能找到它们的踪影。

它们通常以芽孢的形式休眠着，**一旦被放到缺氧的环境中，就开始大量繁殖，并释放出堪称自然界最毒的毒素。**

仅 0.000 06 毫克肉毒杆菌毒素就可以杀死一个体重 60 千克的成年人。理论上，500 克（一瓶矿泉水的量）肉毒杆菌毒素就可以杀死全人类。

肉毒杆菌虽然可怕，但能消除皱纹、缓解偏头痛，因而**被广泛应用于医疗、美容等领域。**所以，和它打交道，一定要讲究方法。

生物名片

厚壁菌门

- **中文名** 肉毒杆菌
- **栖息地** 广泛分布在土壤、海洋、湖泊及家畜粪便中
- **大小** 孢子直径约10微米
- **特点** 在细菌中算体形比较大的

A 第88页的答案➡用肚皮拍水。

霸王龙的叫声可能和鸽子差不多

真是威严扫地……

咕咕

霸王龙的叫声会是什么样的呢？是霸气十足的"嗷呜"吗？作为恐龙的王者，霸王龙的吼声要能配得上它们的地位才行。然而，最新研究表明，**霸王龙或许无法发出吼声**。

科学家发现，**鸟类很可能是一类恐龙的后代，可它们并没有声带**，而是通过振动位于气管和支气管交界处的鸣管来发出鸣声。截至目前，**在出土的恐龙化石中也没有发现过类似声带结构的痕迹**。

这样说来，即使霸王龙可以发出叫声，也很可能是像鸽子一样的"咕咕"声。霸王龙的粉丝们或许要大跌眼镜了。

生物名片

爬行纲

■**中文名** 霸王龙(已灭绝)
■**栖息地** 北美洲

■**大小** 全长约13米
■**特点** 名为"苏"的霸王龙骨骼标本
价值约9亿日元

赤金鼹的人生就是
一次又一次的试炼

生活只需要向前看！

　　赤金鼹的名字听起来像《哈利·波特》中的幻想生物，其实它们的生存环境非常残酷。

　　赤金鼹生活在非洲南部的软土草原上，和其他鼹鼠一样，也在地下挖洞穴居。它们的**眼睛几乎完全退化**，藏在厚厚的皮肤下面，平常**依靠灵敏的听觉和嗅觉**来寻找蚯蚓等食物。

　　由于软土很疏松，有时好不容易挖出了洞穴，又马上坍塌了。而且，当赤金鼹在地下掘土时，松散的软土会被拱起来，地面上的天敌很容易就能发现它们的位置，这也是赤金鼹面临的一个生存困境。

生物名片

哺乳纲

- **中文名** 赤金鼹
- **栖息地** 非洲南部的软土草原
- **大小** 体长约8厘米
- **特点** 为了维持体温，睡觉时肌肉也处于紧张状态

Q 突眼蝇帅气的标准是什么？　　　　➡答案见第94页

古巨龟缩不进自己的壳，很容易被吃掉

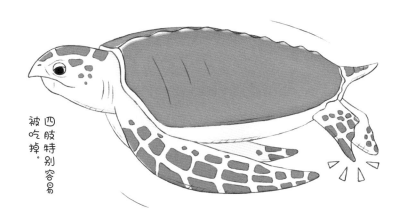

四肢特别容易被吃掉。

古巨龟生活在大约 7500 万年前的白垩纪晚期，是**史上已知最大的海龟**。它们的背甲长约 2.2 米，甲壳内的空间比很多小轿车还要大。如果它们像日本传说中那样载人去龙宫，龟甲上能同时坐下 4 个孩子。

这么大的龟甲，应该很结实吧？然而，古巨龟的**背甲似乎是软的**。据推测，它们的背甲不是坚硬的骨板，而是由长出体外的肋骨构成，上面覆盖着皮肤。

古巨龟**明明是一种龟**，却无法将自己的头和鳍状肢缩进壳中。因此，一旦被天敌沧龙、鲨鱼等发现，很可能会被一口吃掉。

生物名片

爬行纲

- **中文名** 古巨龟(已灭绝)
- **栖息地** 北美洲的浅海
- **大小** 体长约3.7米
- **特点** 吻部前端弯曲，具有坚硬的角质喙，能咬碎猎物坚硬的外壳

才算成年

小头睡鲨 长到 150 岁

小家伙，你终于150岁了！

　　小头睡鲨被认为是"世界上生长最慢的鱼"，它们一年只能长长 0.5 ～ 1 厘米，要经过 150 年才能成年。它们的寿命能达到 400 岁以上，江户时代（1603 ～ 1868）出生的小头睡鲨可能到现在还活着。

　　它们不仅生长速度很慢，游泳速度也非常慢，平均时速只有 1 千米，相当于人类婴儿在地上爬行的速度。光是左右摆动一次尾鳍，就要花费 7 秒的时间。

　　不可思议的是，明明行动这么缓慢，小头睡鲨却能捕食鲑鱼和海豹。让人不禁好奇，究竟是怎么做到的呢？

生物名片

软骨鱼纲

- **中文名** 小头睡鲨
- **栖息地** 北大西洋的寒冷海域
- **大小** 全长约7米
- **特点** 平常生活在深海，也会去浅滩捕食

A 第92页的答案 ➡ 眼间距越宽越帅。

猎豹速度很快，
捕猎却并不容易

让你们见识一下
我认真时的速度！

　　猎豹是陆地上跑得最快的动物，**起跑后只需3秒就能达到超过110千米的时速**，加速效率甚至超过了赛车。

　　猎豹跑得这么快，看起来很容易捕获猎物，不过，它们几乎**每捕猎两次就会失败一次**。

　　这是因为猎豹虽然短跑能力超强，但耐力不及，如果**全速奔跑，一次只能跑200～400米**。为了确保能抓住猎物，它们必须趁猎物不注意时悄悄接近，实际上真正需要全速奔跑的场合并不多。而且，哪怕已经捉住并杀死了猎物，它们还**需要休息半小时左右，恢复体力后才有力气进食**。

生物名片

哺乳纲

- ■ **中文名** 猎豹
- ■ **栖息地** 非洲和南亚的草原
- ■ **大小** 体长约1.3米
- ■ **特点** 视力很好，用锐利的眼睛搜寻猎物

金刚鹦鹉太闲了就会玩倒立

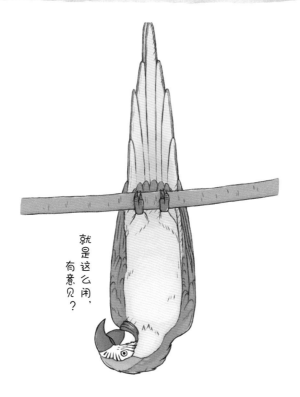

就是这么闲，有意见？

　　金刚鹦鹉和其他鹦鹉比起来体形偏大，颜色也更鲜艳，是世界上最漂亮的鹦鹉之一，历史上深受古代墨西哥等国的国王和贵族青睐，因此也叫"国王鹦鹉"。它们的喙又大又硬，**能啄开其他动物咬不开的坚硬果实**，所以又被誉为"鸟中大力士"。

　　金刚鹦鹉往往能独占这些食物，不用为觅食发愁，有大把的空余时间。**它们经常毫无目的地叼起树枝又扔掉**，或者倒挂在树枝上晃来晃去。真的是太闲了！

　　虽说玩耍行为是智力高的表现之一，但金刚鹦鹉就不能做些更有意义的事情来打发时间吗？

生物名片

鸟纲

- ■ **中文名**　金刚鹦鹉
- ■ **栖息地**　美洲的森林
- ■ **大小**　全长约90厘米
- ■ **特点**　智力相当于3岁的幼儿

Q 鲸鲨有多少颗牙齿？

➡答案见第98页

绿森蚺其实有脚，
只是派不上用场

不是所有事情都有意义。

很久很久以前，**蛇其实是用脚走路的**——它们曾经像蜥蜴那样有四只脚。一般认为，**为了能在落叶和岩石缝隙间顺利移动，蛇的脚逐渐变小退化**，最终成了现在的模样。

但是，如果我们有机会仔细看看绿森蚺（rán）的身体，就会发现，**它们的肛门两侧有两个很小的像爪子一样的突起，这是后肢退化后残留的部分**，叫作"距"。今天只有在绿森蚺这些原始蛇类身上才能看到。

但这些残留下来的**脚实在太小，已经完全派不上用场了**。

生物名片

爬行纲

■ 中文名	绿森蚺	■ 大小	全长约5米
■ 栖息地	南美洲的热带雨林	■ 特点	体重能达到100千克以上，是体形最大的蛇之一

九成的蚂蟥都不吸血

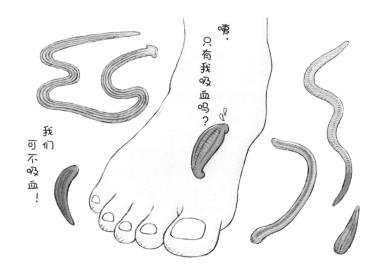

　　提起蚂蟥，大多数人首先想到的就是：它们会**吸血**。确实有一些蚂蟥以吸血闻名，比如，**日本山蛭最爱吸血**，它们会吸附在鹿和野猪身上，每次吸血多达 2 毫升。更过分的是，它们在吸血时还会释放出抗凝血物质，所以被山蛭吸完血后，受害者的伤口一时间会流血不止。

　　不过，已知的几百种蚂蟥中，**只有一成左右会吸血**。大多数蚂蟥都以浮游生物、贝类、蚯蚓等为食。

　　明明**大多数蚂蟥都对人类无害**，人们却还是把它们当作可怕的吸血生物而嫌弃——站在蚂蟥的立场，不免有些委屈呀！

生物名片

蛭纲

- **中文名** 蛭
- **栖息地** 广泛分布在淡水中

- **大小** 全长3~15厘米
- **特点** 身体首尾都有吸盘，靠吸盘来移动

铲吻蜥会因为沙子太烫脚
而大跳霹雳舞

铲吻蜥生活在**最高气温超过 40℃、位于非洲的纳米布沙漠**。

这里的沙子长时间被太阳照射，温度可达 70℃，几乎能把鸡蛋煎成荷包蛋了。**因此，在炙热的沙漠里行动时，铲吻蜥必须全力奔跑**，以免脚在沙子上停留太久而烫伤。

可是，这里毕竟是沙漠，无论跑到哪儿，都没有阴凉处可以歇脚。疾速奔跑的铲吻蜥终究会因疲惫而不得不停下来休息，这时它们就会**轮流抬起四只脚来散热**，看起来就像在跳霹雳舞。如果实在热得受不了了，它们还会用铲子般的吻在沙子中挖个洞，钻进去避暑。

生物名片

- ■ **中文名** 铲吻蜥
- ■ **栖息地** 非洲南部的纳米布沙漠
- ■ **大小** 全长约6厘米
- ■ **特点** 头顶上有第三只眼，不易被人发现

99

犀牛视力很差，每天都会被吓到

不好意思，我看不太清楚。

成年白犀拥有重达3吨的巨大身躯和长长的角，**在陆地动物中可以排进最强梯队**。尽管它们是植食性动物，但要是被它们直勾勾地盯着，还是相当恐怖的。

不过，白犀的**视力其实很弱，甚至看不清几米外的物体**。由于它们只能注意到近在眼前的草，有时会在不知不觉间接近人类的车辆。当它们终于发现自己前方几米处竟然有辆车时，就会**慌张地迅速逃走**。

自己靠近前方的物体，却浑然不觉，等对方近在眼前时，被吓一大跳——白犀经常在这样的惊吓中度过一天。

生物名片

哺乳纲

- ■ **中文名** 白犀
- ■ **栖息地** 非洲东部和南部的草原

- ■ **大小** 体长约3.8米
- ■ **特点** 因为读音上的误会被叫作白犀，身体其实是灰色的

Q 海鬣(liè)蜥打喷嚏时会喷出什么？ →答案见第102页

太平洋鲱特别喜欢
用放屁来和同伴交流

钱存了
多少了？

一点点
存着呢.

　　每年都有许多太平洋鲱成群结队地洄游到近海产卵。一大群一起行动，就不容易被鲨鱼、金枪鱼等大型鱼类捕食了。

　　漫漫旅途中，每当夜幕降临，太平洋鲱就无法再靠视觉来追随同伴。于是，它们就用声音来交流，以保持队形。大家各自将储存在鱼鳔内的部分气体通过肛门释放而出，形成响亮的屁，以此来相互沟通，躲避天敌，保证鱼群不会走散。

　　这种"屁言屁语"的声音频率很高，不容易被鲨鱼、金枪鱼等掠食性鱼类听到，而且可以在水中传播很远的距离。可真是实用的屁啊！

生物名片

■ **中文名** 太平洋鲱　　　　■ **大小** 全长约35厘米

■ **栖息地** 北太平洋海域　　■ **特点** 鱼鳞很容易剥落

硬骨鱼纲

星鼻鼹的鼻子功能强大，形状却很怪异

星鼻鼹的鼻子长得非常奇怪，就像被电影里的外星生物寄生了一样吓人。不过，正是凭借这个奇怪的鼻子，**它们在黑暗的地下也能很快找到食物。**

星鼻鼹的鼻子周围环绕着 22 只不断蠕动的"触手"。这些"触手"的灵敏度是人类手指的 5 倍以上，能以每秒 12 次的速度触击地面，感知周围物体的形状、材质、温度等，"手速"就连职业电竞选手都要大吃一惊。**一旦发现昆虫或蚯蚓等猎物，星鼻鼹会在 1/4 秒内将它们吞入腹中。**

鼻子的功能实在太强大了，外表就没那么重要啦！

生物名片

哺乳纲

- **中文名** 星鼻鼹
- **栖息地** 北美洲的地下

- **大小** 体长约17厘米
- **特点** 很会游泳，是极少数能在水里闻嗅味道的陆地动物之一

鼻优草螽很容易掉脑袋

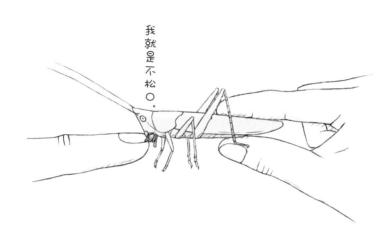

我就是不松口。

　　鼻优草螽（zhōng）和草地里常见的螽斯属于同一科。它们最强大的武器是**发达的下颚**，其他虫子咬不动的种子和树芽，鼻优草螽都能咔嚓咔嚓地轻松吃掉。

　　它们在日本也被叫作"斩首螽斯"，又因为**嘴部周围呈红色，也被称为"吸血螽斯"**。听到这两个名字你可能会想，一定是它们会用强壮的下颚毫不留情地咬掉敌人的头，再吸敌人的血……然而，**被斩首的往往不是敌人，而是它们自己**。

　　它们的下颚太有力了，咬东西时如果有人想将其拽离，很可能一不小心就把它们的头给拽断了——这才是"斩首螽斯"真正的由来。

生物名片

昆虫纲

- ■ **中文名** 鼻优草螽
- ■ **栖息地** 东亚、东南亚的草原
- ■ **大小** 体长约4厘米
- ■ **特点** 体色呈绿色、茶色或红色

拟态章鱼拥有高超的拟态技能，被称为"海中忍者"。

它们的身上分布着数不清的色素细胞，可以**在一瞬间改变身体的颜色，与周围海底的沙砾、岩石等融为一体**。除了模拟颜色，它们还能灵活地运用 8 条腕足模拟形态，**把自己伪装成比目鱼、水母、海蛇等有毒动物**，吓退捕食者。据说它们能变身出几十种不同的样子。

或许是因为拟态章鱼太厉害了，**有一种不起眼的小鱼——红海叉棘䲢（téng）会拟态成拟态章鱼的腕足**，依偎在它附近并来回扭动身体，看上去就像是拟态章鱼的第 9 条腕足，以此来保护自己。拟态章鱼大概做梦也不会想到，自己也有被模仿的一天。

水母

海蛇

生物名片

头足纲

- ■ **中文名** 拟态章鱼
- ■ **栖息地** 西印度洋、太平洋中部的热带海域
- ■ **大小** 全长约60厘米
- ■ **特点** 夜晚会钻进沙子里休息

Q 白额燕鸥会用什么攻击敌人？ ➡答案见第106页

拟态章鱼是个模仿大师，自己也不断被模仿

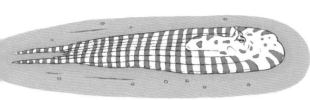

比目鱼

论模仿，谁也比不过我！

海星

多变龟蚁会用脑袋堵住入口

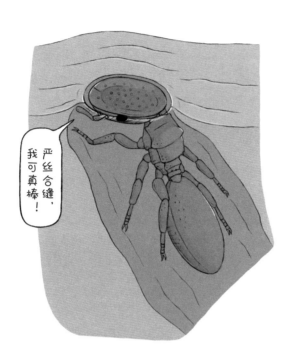

严丝合缝，我可真棒！

人类如果不锁好门，可能会有坏人闯进家中，那可就麻烦了。蚂蚁也需要防范这种情况——要是巢中的卵和幼虫被天敌吃掉，可就大事不妙了。也许正是为了守护家门，**多变龟蚁的脑袋长成了下水道井盖的模样，又大又硬**，正好能堵住巢穴的入口。

并非所有多变龟蚁的脑袋都长成这样。在蚁后、工蚁和兵蚁中，**只有一部分兵蚁的脑袋长成了井盖的样子，其他龟蚁的脑袋各不相同。**

堵住洞口的兵蚁与其说是士兵，不如说更像门卫——它们通常只能用头部堵住入口，就算脑袋被踩到了也不会离开，迫不得已时才会释放出一些难闻的化学物质，阻挡敌人来犯。

生物名片

昆虫纲

- ■**中文名** 多变龟蚁
- ■**栖息地** 美洲的森林
- ■**大小** 体长约4毫米
- ■**特点** 在树干上筑巢生活

盘腹蛛的屁股像枚印章

虽然像印章，但别往我的屁屁上涂印泥哟。

　　喜欢用身体堵住巢穴入口的生物，除了多变龟蚁，还有盘腹蛛。它们虽然属于蜘蛛，却不在空中织网，而**在地面挖洞筑巢**。盘腹蛛会待在洞口处守株待兔，一旦有猎物靠近，便将它拖入巢中吃掉。

　　它们的腹部末端扁平得像被刀切过的平面，**平整的屁股能像软木塞一样堵住巢穴入口，防止敌人入侵**。

　　这屁股非常坚硬，完全可以挡住蜂类螫（shì）针的突袭，上面还有精致的图案，就像精心设计的徽章。如果把这图案做成印章，说不定会很受欢迎呢！

生物名片

螯肢亚门

■中文名	盘腹蛛	■大小	体长约2.7厘米
■栖息地	中国、东南亚、美洲的地下	■特点	在田埂上挖洞筑巢

墨汁拟鬼伞会一夜之间融化，变得黏糊糊的

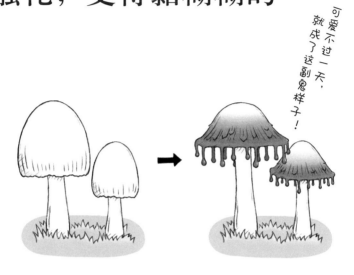

可爱不过一天，就成了这副鬼样子！

墨汁拟鬼伞在未开伞前，模样白白嫩嫩的，非常可爱。然而，一旦它们开伞，可能会一夜之间变身，仿佛受到了什么诅咒，**菌伞渐渐液化，流出黏糊糊、墨汁般的液体。**

这并非遭到了诅咒，而是墨汁拟鬼伞**消化了自己的菌伞，使其变成液态，**以便把菌伞褶皱处的孢子播撒到地面。

"变身"前的墨汁拟鬼伞是可以食用的，据说菌伞吃起来像棉花糖，菌柄吃起来像芦笋。但是，千万不要用它们来佐酒——墨汁拟鬼伞和酒同食会导致中毒，请家长朋友们一定要注意。

生物名片

担子菌门

■**中文名** 墨汁拟鬼伞
■**栖息地** 北半球的温带地区

■**大小** 菌伞直径约7厘米
■**特点** 在林间的枯木和倒木上生长

Q 长颈鹿怎么挖鼻屎？

➡ 答案见第116页

火烈鸟要助跑25米才能起飞

我在笼子里完全没法展翅飞翔！

火烈鸟也叫红鹳，去动物园观赏它们时，有的同学可能会注意到，其他大多数鸟类都被养在有盖的笼子里，而**火烈鸟却被养在露天的水边**。

明明火烈鸟和其他鸟类一样会飞，**难道它们不会逃跑吗？**

其中一个原因是，火烈鸟**要想飞起来**，必须助跑很长一段距离才行，据说要助跑25米才能起飞。

所以，即使把它们养在没有屋顶的地方，只要空间不太大，火烈鸟也无法飞走。

生物名片

鸟纲

- **中文名** 美洲红鹳
- **栖息地** 中南美洲的水边
- **大小** 全长约1.4米
- **特点** 将喙浸入水中滤食浮游生物

鸡 走三步就忘事
寓意：讽刺记性不好的人
人家明明
就是
聪明的学霸

貉 子睡觉
受到惊吓
的时候
我就装死
呼呼
寓意：装睡

橡 子比身高
太离谱！
橡子也有
高矮胖瘦
寓意：旗鼓相当·
半斤八两

鸭 子衔葱来
太过分了
鸭子吃葱
会贫血的
寓意：发生了
意想不到的好事

那些人类擅自编造的
让人遗憾的谚语

许多我们熟悉的关于动物的谚语，都是古人依据经验总结出来的，未必准确，不少动物都被误解了。

听，它们正在控诉呢！

对**马**念经

我的耳朵其实可以听懂同伴的嘶鸣

寓意：对牛弹琴，说什么都没用

有本事的**鹰**会藏起利爪

鹰的爪子和猫不同缩不回去

寓意：强者不会炫耀自己的力量

输掉的**狗**叫得欢

输就输了我才不会找借口汪

寓意：虚张声势、背地里逞威风

嗨，我是白钟伞鸟。听说只要叫得响，就能吸引远方的梦中情鸟！于是我为了受欢迎，一直苦练鸣叫。现在，我已经可以叫得和摇滚乐一样响亮了！声音越大，越有摇滚气质，也越帅气——难道不是吗？！

白钟伞鸟

叫声像大功率蜂鸣器，又响又吵

初次见面，我是白犀。我很讨厌吵架，平时以草为食。有人说我的叫声和猫咪一样可爱，你说什么？外形和声音差距太大，有种反差萌？你这么说我会害羞的，喵——

我是笑翠鸟，啊哈哈哈哈！哎呀，不好意思，我的叫声天生如此。经常有人说我的叫声和人类大笑的声音一模一样。我喜欢在黎明和黄昏时鸣叫，所以被称为"农人的时钟"。

白犀
像猫咪一样喵喵叫

笑翠鸟
叫声很像人类大笑的声音

第5章
让人遗憾的
小讲究

每个人都有自己的一点儿小癖好，生物也一样。
就算如此，有些生物的行为还是让人忍不住
想吐槽："真的有必要这样吗？"

老虎看见布偶绕着走

还是绕个道吧……

大型猫科动物堪称陆地上的最强猎手。非洲的狮子和猎豹，亚洲的老虎，美洲的美洲豹——**都是占据各大陆食物链顶端的捕食者。**

在这些猫科动物中，**体形最大**的要数老虎。老虎不仅力气大，能拖动接近 200 千克的牛，还能凭借锋利的牙齿和爪子打倒熊和大象。在一对一的战斗中，老虎几乎所向无敌。

然而，听说在尼泊尔的国家公园里，老虎**看到掉在地上的兔子玩偶时，居然会小心翼翼地绕道走开**——和我们印象中的威武霸气截然不同。看来，即便是强大的老虎，面对未知，也有格外谨慎的一面，实在让人忍俊不禁。

生物名片

哺乳纲

■ **中文名** 虎
■ **栖息地** 亚洲的森林

■ **大小** 体长约2.3米
■ **特点** 每天都要巡视方圆10千米内的地盘

A 第108页的答案➡用长长的舌头挖。

八齿鼠很爱干净，
饿急了却会吃牛粪

终究还是到了要吃这种东西的地步……

八齿鼠生活在山区，和老鼠同属于啮齿类。它们凭借胖嘟嘟的身材和圆溜溜的眼睛，俘获了很多人的心。八齿鼠很爱干净，会在沙子里洗澡，从不在洞穴里大小便。

八齿鼠明明这么爱干净，有时却会吃牛的粪便，甚至是自己的粪便。平时，它们一般以草叶、种子和树木的果实为食，但在旱季找不到这么多吃的，就不得不去吃牛的粪便。牛粪里残留有很多没彻底消化的草，对于肚子已经饿瘪了的八齿鼠来说，也算得上一顿大餐啦！

生物名片

哺乳纲

■ **中文名** 智利八齿鼠
■ **栖息地** 南美洲的山地

■ **大小** 体长约15厘米
■ **特点** 因颊齿表面呈"8"字形而得名，门牙是橘黄色的

獾㹢狓宝宝看屁股辨认妈妈

獾㹢狓（huòjiāpí）是一种十分警觉的珍稀动物，人们至今还不太了解野生獾㹢狓的生活习性。它们乍看有点儿像斑马，实际上却和长颈鹿是亲戚，同属于长颈鹿科。

獾㹢狓身上的黑白条纹在空旷的地方看起来十分显眼，但在丛林里却能骗过天敌的眼睛，很难被发现。有研究认为，獾㹢狓的孩子会通过屁股上的花纹来确认对方是不是自己的妈妈。

通过观察黑白条纹的形态来分辨个体，这简直就像扫条形码一样，听起来就是个技术活儿。莫非獾㹢狓的幼崽无法靠脸和体形认出自己的妈妈？

生物名片

哺乳纲

- ■ 中文名　獾㹢狓
- ■ 栖息地　非洲中部的森林

- ■ 大小　体长约2.1米
- ■ 特点　舌头很长，伸长时甚至能够到耳朵

Q 雄性阿德利企鹅求婚时，会给雌性送什么礼物？　　　➔答案见第120页

毛腿沙鸡宝宝会吸吮爸爸的胸毛

怎么样？
好喝吗？

　　毛腿沙鸡在干旱炎热的沙漠里筑巢生活。这里天敌少，它们能够安全地养育孩子，但也有个大问题——**附近缺乏生存必需的水资源。**

　　于是，毛腿沙鸡爸爸们会在清晨或傍晚成群结队出发，去很远的地方寻找水源。到了水源地，它们会先自己喝饱水，**再将胸前的羽毛充分浸湿，**然后返回巢穴。

　　接下来，就是给雏鸟喂水了。毛腿沙鸡爸爸会让雏鸟来到自己胸前，吸吮前胸羽毛中的水分，就像喂奶一样。雏鸟会足足吸上 10 分钟，吸入超过 15 毫升的水。不得不说，毛腿沙鸡爸爸的"胸毛"可真厉害，简直是行走的储水袋！

生物名片

鸟纲

- **中文名** 毛腿沙鸡
- **栖息地** 亚欧大陆的干旱地带

- **大小** 全长约39厘米
- **特点** 雏鸟出生后没几天就能走动觅食

119

草原犬鼠会集体摆出膜拜的姿势

伙伴们，这儿很安全！

　　草原犬鼠是群居动物，群体内伙伴之间的联系非常紧密，有专门负责放哨的警卫鼠。一旦发现郊狼或其他天敌，它们就会**发出类似小狗一样的叫声**，提醒同伴们附近有危险。

　　草原犬鼠会根据不同的情况发出不同的声音。有时，它们会**发出嘶嘶声，摆出一副"膜拜"的姿势**。一旦有一只草原犬鼠"膜拜"，其他同伴就会开始效仿，**接二连三地做膜拜的动作**，就像看比赛时，观众席的观众们此起彼伏地为场内呐喊助威一样。

　　这个动作**原本是种"安全信号"**，用来告知同伴们周围没有危险。然而，它们接连不断的动作实在太惹眼了，反而会引起敌人注意。

生物名片

哺乳纲

■中文名	黑尾草原犬鼠	■大小	体长约30厘米
■栖息地	北美洲中部的平原和高原	■特点	有其他族群的雄性侵入领地时，会释放臭味来恐吓对方

蟾鱼只有创作出名曲才会受异性欢迎

嘟——
嘟——

当当当

　　雄性蟾鱼会**用歌曲向雌鱼传达爱意**。它们时而发出"嘟——"的长音，时而发出"当当"的短音，两种声音巧妙组合，唱出很多原创的"情歌"。

　　不过，仅凭创作歌曲还不能让雌性就此倾心。当一条雄鱼一展歌喉时，其他雄鱼也会来到附近，于是就开始比赛唱歌。**只有一直唱到最后的雄鱼才能得到雌鱼的青睐。**

　　而创作的歌曲节奏越是独特，就越不容易被其他雄鱼的歌声干扰。也许繁殖季节的雄鱼经常会为创作而烦恼："这里是不是该加两个短音节呢？当当……"

生物名片

- ■ 中文名　礁蟾鱼
- ■ 栖息地　加勒比海的海底

硬骨鱼纲

- ■ 大小　全长约20厘米
- ■ 特点　求偶时会发出嗡嗡的叫声

121

毛冠鹿明明牙齿很锋利，却只吃草

提起鹿，我们通常会想到树杈一样的巨大鹿角，毛冠鹿并没有威风凛凛的鹿角。它们头上长有一簇刘海般的毛，只有几厘米长的鹿角就藏在这毛茸茸的毛冠里面，所以叫毛冠鹿。

或许是为了弥补没有巨大鹿角的遗憾，**雄鹿长出了两颗又长又尖的犬齿**，让人忍不住联想："毛冠鹿是不是会吸血？"但其实它们只吃植物。一有风吹草动，毛冠鹿就会像其他鹿一样，一溜烟跑得无影无踪。

为了争夺雌性，雄性毛冠鹿会以犬齿为武器，相互角斗。和用鹿角战斗相比，用牙齿战斗到底有什么优势呢？可能只有毛冠鹿知道。

生物名片

哺乳纲

- **中文名** 毛冠鹿
- **栖息地** 中国、缅甸的丘陵地带

- **大小** 体长约1.4米
- **特点** 在海拔4600米的高地也能繁衍生息

Q 松果被松鼠吃完后会变成什么样？　　　　　　　➡答案见第124页

红画眉箭毒蛙会在卵上撒尿

每天撒了次！

　　红画眉箭毒蛙是箭毒蛙大家族的一员，它们的皮肤中有许多腺体，会分泌剧毒的黏液，破坏其他动物的神经系统。

　　红画眉箭毒蛙**不在水里生活，而是生活在陆地上**。每到产卵时期，雌蛙会循着雄蛙的叫声而来，**在落叶上产卵**，一窝大概能产下 7 ~ 20 颗。

　　可是，陆地上往往没有足够的水分来帮卵保持湿润，雄蛙便想出了一个好点子：**用尿液来给卵保湿**。

　　于是，在卵孵化之前，雄蛙会一次又一次地在卵上撒尿。让人忍不住想：这样出生的蛙宝宝们，会是什么味道呢……

生物名片

两栖纲

■**中文名** 红画眉箭毒蛙
■**栖息地** 中美洲潮湿的森林

■**大小** 体长约3厘米
■**特点** 叫声非常动听

雄性威氏极乐鸟如果在脏兮兮的地方跳求偶舞，会被异性拒绝

威氏极乐鸟的外形非常时髦，身上集齐了红、黄、蓝三色，就像红绿灯一样，尾巴上两根向反向卷曲的羽毛看上去很像达利[1]的胡子。

它们求爱也非常讲究。雄鸟会选择一根笔直的树枝作为舞台中心，在树枝下方**大跳求爱舞来吸引雌鸟**。但是，**如果作为舞台的地面不够干净**，雄性马上就会被拒绝。和人类一样，要想受到异性欢迎，保持干净、整洁是非常重要的。

所以，雄鸟在为雌鸟表演华丽的告白舞之前，必须**一丝不苟地打扫地面**，保证舞台上没有落叶和其他杂物。

[1]西班牙超现实主义画家，长着两撇标志性的卷胡子。

生物名片

鸟纲

■中文名	威氏极乐鸟	■大小	全长约21厘米
■栖息地	太平洋诸岛的雨林	■特点	雄鸟头顶的蓝色部分并非羽毛，而是裸露的皮肤

我的尿沫是不是很漂亮？

沫蝉幼虫躲在自己的尿沫里

在卫生间小便时，你有没有注意到，尿液偶尔会泛起泡沫？沫蝉幼虫就是**利用尿液产生的泡沫来保护自己**的。

沫蝉幼虫以吸取植物的汁液为生。它们的腹部末端会分泌一种特殊的液体，与其气门排出的气体混合在一起时，就会产生泡沫。排出的泡沫越来越多，最终包裹住它们的整个身体。

虽然沫蝉幼虫看起来像是在洗泡泡浴一样，但这些"尿液"形成的泡沫其实**非常密实**，哪怕幼虫被风雨卷走，包裹在身上的泡沫也能**有效地保护它们**。

生物名片

昆虫纲

■ **中文名** 白带尖胸沫蝉
■ **栖息地** 中国、日本的树林

■ **大小** 体长约1.2厘米
■ **特点** 寄生在柳、桑等树木上

三刺鱼会把所有红色物体当成敌人

　　雄性三刺鱼到了繁殖期，肚子就会变得像红金鱼那么红，这是"我已经准备好繁衍子嗣了"的信号。

　　雄鱼会先用水草筑好巢，然后在领地里游来游去，**用红通通的腹部和奇特的求偶舞引来雌鱼。一旦告白成功，雌鱼会入巢产卵，雄鱼**就可以给卵授精啦。

　　这一时期的雄鱼攻击性非常强，只要看到红色的东西，就会认为："有别的雄鱼来捣乱了！"实验发现，让雄鱼接近和自己形状相似的银色模型时，雄鱼毫无反应，而**如果让它们接近涂成红色的模型，甚至是一块只在底部涂了红色的石头，雄鱼也会气势汹汹地反复冲撞它。**

生物名片

硬骨鱼纲

■ 中文名	三刺鱼
■ 栖息地	北半球亚寒带到温带的河流、沿海水域

■ 大小	全长约8厘米
■ 特点	有的在海中长大后会洄游到河里，有的终生生活在河里

126　塔斯马尼亚袋熊的便便是什么形状的？　　　　➡答案见第128页

白面僧面猴太在意自己的胡子

可不能弄湿了我这完美的胡子。

白面僧面猴的雄性和雌性有着截然不同的外表：雌性全身的毛发及面部呈斑驳的棕灰色；**雄性身体黑黢（qū）黢的，脸部呈白色**。

它们喝水的姿势很独特，并不像其他动物那样将脸埋进水里畅饮。不管有多渴，白面僧面猴都会**小心翼翼地用手掬水喝，或者浸湿手上的毛**，再用嘴吸吮手毛中的水。

之所以采取这种喝水方法，是为了**不弄湿作为感受器的胡子**。一旦胡子沾上了水，它们会非常愤怒。

生物名片

哺乳纲

- ■**中文名** 白面僧面猴
- ■**栖息地** 南美洲东北部的雨林
- ■**大小** 体长约40厘米
- ■**特点** 绝大多数时间生活在树上

栗卷象一吵架
就会比高高

在山路上行走时，偶尔能看到被卷成筒状的叶子从山坡上骨碌碌滚到路上。这些卷筒状叶子很可能就是栗卷象的杰作——**雌虫会把叶子卷起来，然后小心翼翼地把卵包裹在里面，以躲避天敌。**

雌虫产卵前，雄虫会在异性身旁互相"比高高"——在栗卷象的世界里，个头越大越容易获得雌虫青睐。**雄虫会使劲儿伸长头部到触角前端的部分，和其他雄性比谁更高，**只有赢了的雄虫才有机会和雌虫交配、繁衍后代。不过，既然你们有比高高的精力，为什么不给孩子多找点儿吃的……

生物名片

昆虫纲

■**中文名** 栗卷象
■**栖息地** 日本、朝鲜半岛、中国的森林

■**大小** 体长约1厘米
■**特点** 雄虫的头部比雌虫更细长

褐几维鸟的蛋大而无用

褐几维鸟生活在新西兰，是一种不会飞的无翼鸟。它们个头和鸡差不多，能长到 2 千克左右，**蛋却足足有鸡蛋的 7 倍那么大。**

由于鸟蛋过大，雌鸟临产时，膨大的肚子会垂到地面，内脏也会被鸟蛋挤到一起，**肚子里几乎没有能容纳食物的空间，因此，在产蛋前的好几天都无法进食。**

哪怕平安产下了鸟蛋，麻烦也才刚刚开始。要想成功孵化出雏鸟，必须有鸟爸爸或鸟妈妈来孵蛋。但几维鸟的蛋太大了，鸟爸爸**孵蛋时只能焐热鸟蛋的一部分。**为了成功孵化出宝宝，鸟爸爸不能休息，要时不时调整孵蛋部位，孵上两个半月。

生物名片

鸟纲

- **中文名** 褐几维鸟
- **栖息地** 新西兰的森林
- **大小** 全长约50厘米
- **特点** 鸟喙前端有鼻孔，通过嗅气味来寻找食物

鬣狗会把头埋进
其他动物的肛门里进食

从屁股开始吃最棒了!

抢食腐肉、争夺猎物……鬣狗给人的印象十分糟糕。不过,它们是优秀的猎手,**拥有比狮子更高效的捕猎技巧,能咬碎很多食肉动物都啃不动的硬骨头。**

但鬣狗也有弱点:它们的后肢力量不足,也不像狮子那样拥有锐利的爪子,**没法将猎物的肉切开撕碎。**所以,一旦遇到犀牛等大型动物,通常就束手无策了。

于是,鬣狗开发出一种新的技能——**把头埋进动物相对脆弱的肛门里,从柔软的内部开始吃。**这样做确实方便进食,但多少让人觉得有点儿倒胃口。

生物名片

哺乳纲

- **中文名** 斑鬣狗
- **栖息地** 非洲的草原

- **大小** 体长约1.4米
- **特点** 几十只一起过群居生活

130　　🔍 鳗鱼的身体为什么是黑色的?

➡ 答案见第132页

核桃褶翅尺蛾一生中有一半时间都在装屎

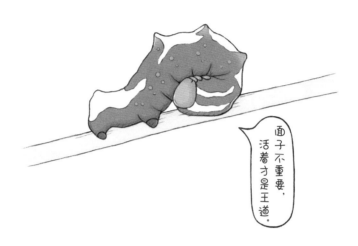

面子不重要，活着才是王道。

对毛毛虫来说，鸟类是最大的天敌。一旦被鸟类发现，它们几乎毫无反抗之力，只能被吃。

核桃褶翅尺蛾幼虫想出了"伪装成鸟屎"的绝妙计策。它们的身体不是绿色的，而是**像很多鸟屎一样呈黑白色**。鸟类看到时会觉得："这是同类的屁屁（bǎ）啊。"这样一来，幼虫的小命就保住了。

不过，黑白色的身体在绿色叶子上非常显眼。一旦幼虫将身体伸直，鸟类一看："不对，这不还是毛毛虫吗！"反而更容易遭到捕食。因此，为了避免穿帮，核桃褶翅尺蛾幼虫会**故意将身体蜷曲成"更接近便便"的形状**，以求达到最真实的效果。

生物名片

昆虫纲

- **中文名** 核桃褶翅尺蛾
- **栖息地** 日本、中国的森林

- **大小** 体长约2厘米（成虫）
- **特点** 雄虫夜晚会聚集在街灯下，而雌虫几乎不会

没采到好蜜的蜜蜂只能眼巴巴地等待

嗡嗡嗡，等到花儿也谢了……

在蜂群中，工蜂可以分为两类，**一类是负责外出采蜜，并将花蜜运到巢穴的"采运工"，另一类是留在巢内，负责将花蜜储存进巢穴的"储运工"。**

采运工带着花蜜回巢，将花蜜传递给在巢内等待的储运工。交接过程中，储运工会对采集到的花蜜进行"品质测试"。

这些花蜜虽然是采运工千辛万苦采集到的，**但如果浓度不够、质量不高，储运工往往不愿意接收。**它们会从甜度最高、质量最好的花蜜开始接收，按照从优到劣的顺序，一点点运回巢里储存。而那些**没采到好蜜的采运工，只能眼巴巴地等着轮到自己。**

生物名片

昆虫纲

- ■ **中文名** 日本蜜蜂
- ■ **栖息地** 日本的山地
- ■ **大小** 体长约1.2厘米（工蜂）
- ■ **特点** 工蜂都是雌蜂，雄蜂不工作，只负责交配

大西洋海神海蛞蝓如天使般美丽，却有剧毒

大西洋海神海蛞蝓在海上漂浮的身姿非常美丽，所以也被称为"蓝色天使"。而其他同类只被叫作"海蛞蝓"，简直是天壤之别啊。

虽然名字听上去神秘又高贵，但它们**最爱的食物却是僧帽水母、银币水母等有剧毒的水母**。也许你会担心，这些美丽的生物吃有毒的东西，会不会中毒身亡？大西洋海神海蛞蝓本身没有毒，却可以食用这些有毒的水母，**在体内囤积毒素**。敌人来袭时，它们会立刻**释放这些毒素来赶跑甚至杀死敌人**。

外表像天使，实际上却是个擅于用剧毒的杀手。如果有动物冒犯它们，可是要吃大亏的哟。

生物名片

腹足纲

- **中文名** 大西洋海神海蛞蝓
- **栖息地** 热带到温带的海洋
- **大小** 体长约3厘米
- **特点** 平时肚皮朝上浮在海面上

133

红翅绿鸠的身体大部分呈橄榄绿色，非常美丽。它们平常生活在森林里，**但有时会特意飞到海边喝海水**。

关于它们喝海水的原因还没有定论。一种说法是，红翅绿鸠以植物的果实和种子为食，**无法从中摄取足够的矿物质来满足身体的需要。因此需要饮用富含矿物质的海水来补充**。

为了喝到海水，红翅绿鸠不得不冒着被海浪卷走的危险。如果你在海边听到"呜——呜噢——"这种像婴儿啼哭一样的叫声，也许是红翅绿鸠发自内心的呐喊吧。

呜
噢

生物名片

鸟纲

- **中文名** 红翅绿鸠
- **栖息地** 亚洲的森林
- **大小** 全长约33厘米
- **特点** 叫声很像婴儿的哭声

Q 海马的最快时速是多少？ ➡答案见第142页

红翅绿鸠会冒着生命危险，

飞到海边喝水

穿越

惊涛骇浪

方能变强

呜噢~

蚂蚁与蚱蜢

夏天，蚂蚁辛勤劳动、囤积食物，蚱蜢却在外玩耍、散步，完全不为冬天做准备。到了冬天，蚱蜢食物短缺，向蚂蚁求助，蚂蚁拒绝帮助它。

> 我只是寿命短而已……

挠头

蚱蜢的成虫只能在夏天存活 2 ～ 3 个月。

龟兔赛跑

乌龟和兔子赛跑，兔子觉得乌龟速度慢，掉以轻心，中途睡着了，而乌龟坚持不懈地爬行，最终赢得了比赛。

> 其实我睡觉时也会睁着眼……

兔子胆子非常小，会睁着眼睛睡觉，随时保持警惕。

> 乌龟也能跑得很快！

有些乌龟在陆地上可以跑得很快，比如红耳龟。

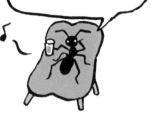

真正辛勤劳动的蚂蚁只占两成左右。

剩下的八成里，六成在糊弄事儿，两成在游手好闲。

那些人类擅自讲述的

让人遗憾的民间故事

许多民间故事中的动物形象
和真实情况有很大区别。

现在，有请动物们出场揭开真相。

桃太郎

从桃子里出生的桃太郎，与路上遇见的狗、猴子和雉鸡一起去鬼岛驱鬼。

小狗盯上我了！

好像很好吃……

雉鸡从前是猎人的捕猎对象，狗有时也会吃雉鸡。

出你的故事！

我是一只雄性园丁鸟。我非常爱美，会精心搭建一个"求偶亭"，再加上我动听的歌声和优美的舞蹈，吸引附近的雌性。但是，一旦我们交配成功，我的爱人就会离开这个小家。它会另寻他处，再筑一个新巢，独自养育我们的宝宝……

园丁鸟

求偶亭的直径可达 4 ~ 5 米宽。

我叫花壁蜂，是壁蜂的一种。我们不群居，都是独自筑巢。我会用泥土建造出壶状的巢穴，在巢壁内外贴上花瓣作为壁纸。把卵安放进去后，再用花粉和花蜜把巢填满，作为宝宝出生后的食物。怎么样，我为宝宝做的新家，是不是芬芳又浪漫？

我是窄额鲀（tún）。作为雄性，我会花上整整一周的时间，在海底准备一座豪华的婚房。要是雌性对我精心准备的爱巢满意，就会和我在这里孕育宝宝。巢的边缘需要均匀挖出一圈呈放射线状的沟，这种构造有利于保护我们的卵，防止它们被水流冲走。

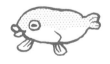

窄额鲀

全长约 12 厘米，却能建造出直径 2 米的巢。

花壁蜂

会为每个卵都单独造一个 1 ～ 1.5 厘米深的巢。

第6章

让人遗憾的
邻居

任何生物都不可能独自存活，
总要和其他生物产生联系。
当不同生物互相接触时，
其中一些生物的处境令人心生怜悯：
"真是太委屈你了！"

危险！
危险！

对狐獴来说，叉尾卷尾鸟是可靠的伙伴。**每当有敌人靠近，叉尾卷尾鸟就会用叫声提示危险。**狐獴的族群里虽然也有负责放哨的，但不如叉尾卷尾鸟飞得高看得远。

但是，叉尾卷尾鸟是个坏心眼儿的小骗子，有时会**在狐獴刚找到食物的时候鸣叫，发出"假警报"。**狐獴听见叫声，会以为敌人来了，忙不迭地扔下食物拔腿就跑，这时，叉尾卷尾鸟就可以趁机偷走食物。

或许你会觉得，狐獴被骗过一次就不会再相信它们了，但毕竟叉尾卷尾鸟示警的时候也可能真的有敌人，所以**尽管知道有可能被骗，狐獴还是只能逃跑。**

生物名片

哺乳纲

- ■ **中文名** 狐獴
- ■ **栖息地** 非洲南部的平原、草原
- ■ **大小** 体长约30厘米
- ■ **特点** 同类之间会一起玩耍，互相舔毛

A 第134页的答案➡1.5米。

狐獴经常被『合作伙伴』叉尾卷尾鸟欺骗

啊，有敌人袭击吗?!

雄性钩土蜂会错把兰花当成异性

很多植物都会用甜美的花蜜做交换，让动物帮忙运送花粉。然而，有一种叫作铁锤兰的兰花，却用**拟态的方法，欺骗蜜蜂为自己传播花粉**。

铁锤兰的花朵从形状、颜色到气味，都和雌性钩土蜂非常相似。被骗的雄蜂会抱住铁锤兰的花朵，试图和"雌蜂"交配。这时，铁锤兰就会像表演过肩摔一样，借助雄蜂的动作猛甩花朵，**让对方沾一身花粉**。

不知道真实状况的钩土蜂还以为这是交配失败，又继续去碰触别的兰花。结果**钩土蜂一直在做无用功，铁锤兰倒是完成了授粉**。

生物名片

昆虫纲

- ■ 中文名　钩土蜂
- ■ 栖息地　澳大利亚西部

- ■ 大小　体长约2厘米
- ■ 特点　只有雌性有螫针

Ⓠ 鹦鹉为什么飞不起来？ ➡答案见第146页

芫菁见不到花蜂
就活不下去

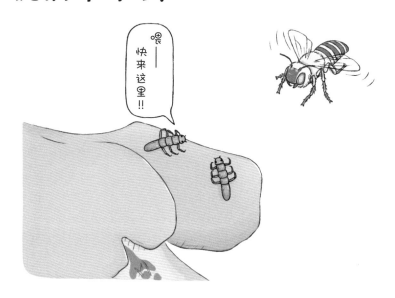

喂——快来这里!!

　　雌性芫菁（yuánjīng）会在土壤中产下数千颗卵。幼虫孵化后会钻出地面、爬上草叶，然后藏在花朵中，**静静等待花蜂造访**。

　　一旦花蜂来了，幼虫就会马上攀附到花蜂的身上，**被它带回蜂巢，以蜂巢里的蜂卵和蜂蜜为食**，逐渐成长。

　　但是，藏在花朵里究竟能不能遇到前来采蜜的花蜂，就要碰运气了。要是对方来得迟了，或者攀错了对象，芫菁就只有死路一条了。

生物名片

昆虫纲

■**中文名** 短翅芫菁
■**栖息地** 东亚的草原

■**大小** 体长约2厘米
■**特点** 成虫能分泌毒液来防身

丽鱼精心养育
密点歧须鮠的孩子

溜了溜了——

我可爱的宝贝，妈妈会好好守护你们。

　　有一部分丽鱼生活在非洲的湖泊中，**为了不让其他鱼类吃掉自己的卵，雌性丽鱼会将受精卵含在嘴里养育。**雌鱼每次产卵 2 ～ 3 颗，等雄鱼将精子洒到这些卵上后，再将受精卵吞入口中。这样的过程会重复很多次，最终，雌鱼口中会容纳 10 ～ 100 颗受精卵。

　　密点歧须鮠（wéi）盯上了丽鱼的这种习性，它们会**在丽鱼产卵的时候，趁对方不注意，飞快地将自己的卵混入其中。**而且密点歧须鮠的卵孵化得更快，孵化的幼鱼会**吃掉丽鱼还未孵化的卵。**对丽鱼来说，真是祸从天降。

生物名片

- ■**中文名** 霍氏栉丽鱼
- ■**栖息地** 东非的湖泊、河流

硬骨鱼纲

- ■**大小** 全长约17厘米
- ■**特点** 偶尔会有卵从嘴里溢出来

海蜘蛛经常被茗荷"免费搭车"

在防波堤或者海里的浮木上，经常能看到藤壶或茗荷的身影。它们不能行走，却可以牢牢地附在鲸或海龟等动物的身上，随对方一起四处漫游，扩散到各大洋中。

生活在海底的海蜘蛛也被它们**当作交通工具**。它们理应给对方一些食物当报酬的，却什么都不付出。而且，有时攀附在海蜘蛛身上的茗荷个头太大或数量过多，还会导致海蜘蛛**行动困难、体表（外骨骼）呼吸不畅**。

话虽如此，看看海蜘蛛的样子——整个**身体80%**的面积都是脚，茗荷想乘坐海蜘蛛的心情，也不是不能理解。

生物名片

螯肢亚门

- ■ **中文名** 南极海蜘蛛
- ■ **栖息地** 南极附近的海底
- ■ **大小** 体长约25厘米
- ■ **特点** 雄蛛用抱卵足携带宝宝

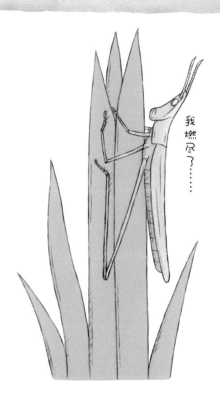

蝗虫会被蝗噬虫霉做成木乃伊

我燃尽了……

蝗噬虫霉是一种真菌，名字听起来像是黑魔法，实际上，它们的行为也确实有那么一点儿"暗黑"。它们还有一个简称叫"蝗虫霉"，会寄生到蝗虫体内，将对方蚕食成木乃伊。

被寄生的蝗虫像被操控了似的，会一直爬到植物顶端，**用脚紧紧抱住茎叶**，以防掉下来，**然后保持这个姿势死去**。在此期间，它们体内的蝗噬虫霉会制造孢子，待蝗虫风干成木乃伊、营养被榨干，这些孢子就会从蝗虫体缝中散出，随风飘远，寻找下一个宿主。

也就是说，蝗虫还被蝗噬虫霉当成了电梯，让孢子登上高处，飞得更远。

生物名片

昆虫纲

■ 中文名	中华剑角蝗	■ 大小	体长约4.5厘米(雄性)
■ 栖息地	亚欧大陆的草原	■ 特点	雄虫飞行时会发出"唧唧唧唧"的叫声

Q 苍蝇用哪里感知气味？ ➔ 答案见第150页

蟑螂会被长背泥蜂变成僵尸

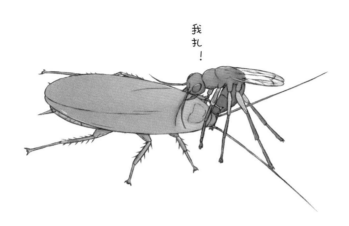

世上不仅有能把蝗虫变成木乃伊的真菌，还有能把蟑螂变成僵尸的虫子。长背泥蜂看到蟑螂后，会用螫针先后刺进蟑螂的胸部和脑部，注入毒素，让蟑螂的前脚动弹不得，并麻痹它们掌管逃跑本能的神经。

但可怕的事情才刚刚开始。长背泥蜂会拉着蟑螂的触角，引导它爬到自己的巢穴，而后在蟑螂身上产卵。卵孵化后，长背泥蜂的幼虫会咬破蟑螂的腹部、钻入其体内，一点点将蟑螂的内脏吃光。

幼虫长大化为成虫后，又会继续踏上寻找蟑螂的旅程，为下一代做准备。

生物名片

昆虫纲

- 中文名　美洲大蠊
- 栖息地　热带和亚热带地区
- 大小　体长约3厘米
- 特点　雌虫约每周产1次卵，每次产15颗

米曲霉不是纳豆芽孢杆菌的对手

　　大家知道酱油、味噌（cēng）、清酒有什么共同点吗？答案是：它们都是利用一种叫作"米曲霉"的霉菌制作出来的。

　　米曲霉虽然是霉菌，但**食品制造业所用的米曲霉是经过改良、安全可食用的**。这种真菌还能提高免疫力，发酵产物有一定的美容效果。

　　然而，**米曲霉的天敌纳豆芽孢杆菌，却时刻潜藏在它们周围**。纳豆就是通过在大豆里添加纳豆芽孢杆菌发酵制成的。纳豆芽孢杆菌一旦和米曲霉相遇，就会立刻**抢占米曲霉的生存空间**。为了保护弱小的米曲霉，味噌厂和酱油厂都会禁止员工将纳豆带入工厂。

生物名片

真菌界

- ■**中文名** 米曲霉
- ■**栖息地** 世界各地
- ■**大小** 孢子直径约5微米
- ■**特点** 自然而生的菌种有剧毒，后被人类改良，可用于食品生产

燕隼最讨厌乌鸦，却会抢乌鸦的巢来住

燕隼（sǔn）是一种和鸽子大小差不多的猛禽。它们分布在亚洲、欧洲和非洲，经常出没于开阔的树林和海岸地带，有时甚至会出现在大街上。

燕隼也有敌人，就是我们很熟悉的乌鸦。燕隼虽然看起来比乌鸦凶猛，但它们的**雏鸟经常被乌鸦攻击，甚至吃掉。**

不过令人意外的是，燕隼却**经常赶走乌鸦，住进对方的巢里——城市的街道和广阔的山间不同，这里很难找到适合筑巢的地方。**于是，燕隼就看上了这些"二手房"。

看来，大城市里的生活，终究是没法那么随心所欲啊！

生物名片

鸟纲

■ 中文名	燕隼	■ 大小	全长约30厘米
■ 栖息地	亚洲、欧洲、非洲的树林和草原	■ 特点	飞行速度很快，能一边飞一边捕食小鸟和昆虫

我们吃的无花果其实不是果实，而是榕属植物特有的隐头花序。无花果雌雄异花，由无花果小蜂在其间充当爱神"丘比特"。

一个隐头花序里，要么只有雌花，要么只有雄花和失去生殖力的雌花——**瘿（yǐng）花，这里是无花果小蜂的诞生地。**当长大的雌蜂为产卵而飞出瘿花时，身上会**沾上雄花的花粉。如果又接触到雌花，雌花便能受粉**，结出种子。

但是，无花果小蜂**无法分辨花序的雌雄。**如果进了雄花序，那么雌蜂可以在瘿花中产卵，无花果却不能授粉；如果进了雌花序，那么无花果能授粉，雌蜂却会**被雌花干扰而无法产卵**，最终在花序内死去。可以说，这是一场极致的运气大比拼。

雌花序

生物名片

昆虫纲

- ■ **中文名** 无花果小蜂
- ■ **栖息地** 热带到温带的平原、树林
- ■ **大小** 体长约2毫米
- ■ **特点** 雄蜂终生都在无花果内

Q 哪个国家是用信天翁的粪便堆出来的？　➡答案见第154页

无花果小蜂的命运取决于选择哪颗无花果

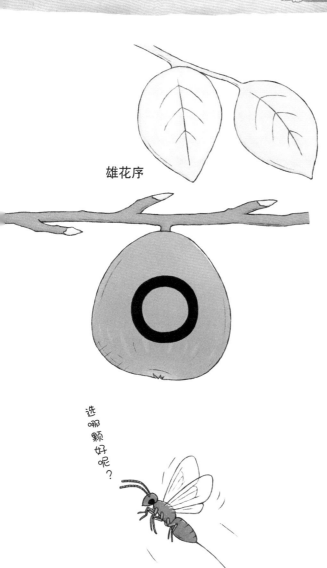

雄花序

选哪颗好呢？

名和蝉寄蛾很爱惜蟪蝉

夏末，每当黄昏临近时，蟪蝉便开始"吱呀吱呀"地尖声鸣叫。

如果你有机会仔细观察蟪蝉的身体，会发现上面**附着着一些像棉花糖一样的小东西**。这些小东西其实是一种寄生蛾，叫作名和蝉寄蛾。

名和蝉寄蛾的幼虫会**附着到蟪蝉的腹部两侧，吸取蝉的体液来生长**，慢慢从不起眼的肉色小虫子变成全身覆盖着白色蜡质的"毛球"。一旦摄取了足够的营养，它们就会像蜘蛛侠一样，通过白色的丝坠下枝头，然后回到树干上变成蛹，最终羽化为成虫。

而蟪蝉并**不会因为被寄生而死**，它甚至自始至终都不会意识到名和蝉寄蛾的存在。

生物名片

昆虫纲

■ 中文名	蟪蝉
■ 栖息地	东亚的林地

■ 大小	体长约3.3厘米(雄虫)
■ 特点	只在清晨、傍晚等光线暗淡的时候才出现

野菰应该对一起生活的芒草感到抱歉

真的很抱歉，请分我点儿养分吧。

野菰（gū）总是藏身在芒草等高大植物的阴影下，默默地绽放淡紫色的小花。**它们开花的样子就像为恋情而烦恼的少女在低头沉思**，所以《万叶集》[①]里有诗歌将它称为"相思草"。

然而，表面腼腆的野菰，在地下却很过分，野菰本身不含叶绿素，无法通过光合作用为自己制造养分，只能寄生在芒草等植物的根部，**从对方那里攫（jué）取养分**。这些植物被野菰寄生后，会因为缺少营养而渐渐衰弱，甚至死亡。**一旦寄主死亡**，野菰也会随之死去。这样看来，野菰这家伙真是不顾后果啊！

①日本第一部和歌总集。

生物名片

被子植物门

- ■**中文名** 野菰
- ■**栖息地** 亚洲东部到南部的草原
- ■**大小** 高约15厘米
- ■**特点** 花的形状很像烟斗

索 引

介绍本书中出现的同类生物。

脊索动物

长有脊椎（脊柱）或脊索（原始的脊柱）的动物。

哺乳纲 胎生，父母生下与自己形态相似的孩子，用乳汁喂养。恒温，用肺呼吸。

鸟纲 卵生，大多长有翅膀，能翱翔于天际。恒温，用肺呼吸。

Q 环尾狐猴每天早起的第一件事是做什么？

➡答案见第158页

爬行纲

卵生，体温随周围环境的温度变化。用肺呼吸。

两栖纲

卵生，体温随周围环境的温度变化。幼体在水中用鳃呼吸，成体变为用肺呼吸。

硬骨鱼纲

大多为卵生，在水中生活，用鳍游泳。体温随周围的水温变化。

软骨鱼纲

卵生、卵胎生或胎生，在水中生活，用鳍游泳。骨架由软骨构成。

无脊索动物

除脊椎动物以外的动物，没有脊椎（脊柱）或脊索（原始的脊柱）。

昆虫纲

身体分为头、胸、腹三部分。大多长有触角和翅膀，足有3对6只。

螯肢亚门

嘴边有名为螯肢的器官。步足有 4 对 8 只。

头足纲

乌贼、章鱼的同类。身体分为头、躯、腕三部分，腕从头部生出。

腹足纲

螺的同类。身体柔软，多有螺形壳。

蛭纲

环节动物，身体前后有吸盘，利用吸盘来移动身体。

植物

植物界

通过吸收水和二氧化碳进行光合作用来获取能量。

细菌·真菌

细菌界真菌界

通过从其他生物身上吸取养分来生存，例如蘑菇、苔藓、酵母等。

参考文献

《小学馆的图鉴 NEO 动物》（小学馆）

《小学馆的图鉴 NEO 植物》（小学馆）

《小学馆的图鉴 NEO 鱼》（小学馆）

《小学馆的图鉴 NEO 鸟》（小学馆）

《小学馆的图鉴 NEO 昆虫》（小学馆）

《小学馆的图鉴 NEO 两栖类·爬行类》（小学馆）

《小学馆的图鉴 NEO 水中的生物》（小学馆）

《小学馆的图鉴 NEO 恐龙》（小学馆）

《小学馆的图鉴 NEO 蘑菇》（小学馆）

《标准原色图鉴全集别卷：动物 I·II》（保育社）

《世界哺乳图鉴》（新树社）

《讲谈社 会动的图鉴：WONDER MOVE 不可思议的生物》（讲谈社）

《讲谈社 会动的图鉴：MOVE 动物》（讲谈社）

《不可思议的动物大发现》（Natsume 社）

《图解杂学：不可思议的昆虫》（Natsume 社）

《NHK 达尔文来了！生物新传说：惊人的生物之谜》（NHK 出版）

《不可思议的昆虫大研究》（KADOKAWA）

《从零开始的珍稀动物学》（幻冬社）

《哺乳类的进化》（东京大学出版会）

《奇特的鸟古怪的鸟超大图鉴》（枻出版）

《已灭绝的神奇动物》（Bookman 社）

《动物进化图鉴》（Bookman 社）

《昆虫：难以置信的能力》（河出书房新社）

《动物的奇特行为有理由 1·2》（技术评论社）

主要参考网站

（日本）国家地理 https://natgeo.nikkeibp.co.jp/

图书在版编目（ＣＩＰ）数据

更遗憾的进化. 2 /（日）今泉忠明编 ;（日）下间
文惠等绘 ; 王卉媛译. —— 海口 : 南海出版公司,
2024.3
　　ISBN 978-7-5735-0630-6

　　Ⅰ. ①更… Ⅱ. ①今… ②下… ③王… Ⅲ. ①生物-
进化-少儿读物 Ⅳ. ①Q11-49

中国国家版本馆CIP数据核字(2023)第234495号

著作权合同登记号　图字：30-2023-103

おもしろい！進化のふしぎ さらにざんねんないきもの事典